中等职业教育规划教材

计算机应用基础模拟练习与操作指导
（Windows 7 ＋ Office 2010）

学业水平测试课题研究组　组编

主　编　陈国升　薛叶兴　陈春华
副主编　肖能德　闫海涛　黄国云　陈淑珍　邓　萍
参　编　岳　霞　林在平　陈惠兰　林碧娇　卢　灯　吴智斌

中国人民大学出版社
·北京·

前言

党的二十大报告指出，教育、科技、人才是全面建设社会主义现代化国家的基础性、战略性支撑。教育是国之大计、党之大计。职业教育是我国教育体系的重要组成部分，肩负着“为党育人、为国育才”的神圣使命。本教材以习近平新时代中国特色社会主义思想为指导，深入贯彻落实党的二十大精神，将思想道德建设与专业素质培养融为一体，着力培养爱党爱国、敬业奉献，具有工匠精神的高素质技能人才。

“中等职业学校学生学业水平测试”是根据国家及福建省中等职业学校教学标准及考试要求，由福建省教育厅组织实施的考试，主要是用来衡量中等职业学校学生达到专业学习要求的程度，是保障中等职业学校教育教学质量的重要措施。学业水平测试成绩是学生毕业和升学的重要依据，是评价和改进学校教学工作的重要参考，是检验中等职业学校教学质量的重要方式，是开展中等职业学校办学能力诊断与评估的重要考核指标。

“计算机及其应用基础”作为学业水平考试的五门统考科目之一，各所中职学校都相当重视。福建省从 2017 级中职学生开始施行学业水平测试，而针对学业水平考试指导用书还比较少。为了提高学生的学习效率和学业水平测试应试能力，提升学校整体教学质量，各所中职学校都急需一本既针对学业水平考试应试指导，又符合当前中职生特点，能提高操作技能的好教材，切实提高学生的主动式学习、综合素质和专业实践能力，着力提高教学质量和学业测试水平，提升学校的整体办学水平。

本书配合教材《计算机应用基础（Windows 7＋Office 2010）》使用，主要用来应对学业水平测试所进行的针对性模拟练习和指导训练。本教材主要由福建省中职学校计算机及其应用基础学业水平测试应对策略与实践研究课题组成员和在计算机应用基础学科有丰富教学经验的一线教师编写，内容紧扣学业水平考试大纲，能充分结合当前中职学生的特点和喜好，利用云平台、二维码和微课等创新教材，可操作性、实用性和借鉴性强。

目 录

第1章 计算机基础知识

1. 为了将二进制数与其他进制的数字进行区分，可以在二进制数的后面加字母来表示进制，用来表示二进制数的字母是（　　）

   A. H　　B. O　　C. D　　D. B

2. 在计算机中，2KB 的存储空间理论上可以存储的汉字最多有（　　）

   A. 1 000 个　　B. 1 024 个　　C. 2 048 个　　D. 512 个

3. 用来衡量计算机运算速度的指标是（　　）

   A. Kbps　　B. MIPS　　C. GHz　　D. bit

4. “福建”两个汉字占用的存储空间是（　　）

   A. 2Byte　　B. 4Byte　　C. 6Byte　　D. 8Byte

5. 如果将同一个文件保存到下列四种存储器中，所需时间最短的是（　　）

   A. 硬盘　　B. 内存　　C. 光盘　　D. U 盘

6. 下列存储器中，不能被 CPU 直接访问的是（　　）

   A. Cache　　B. 硬盘　　C. RAM　　D. ROM

7. 下列关于机器语言的说法，正确的是（　　）

   A. 机器语言更接近于人的自然语言

   B. 机器语言编写的程序更易于理解

   C. 需要经过编译后才能被计算机识别

   D. 可以被计算机直接识别

8. 下列选项中同时包括了输入设备、输出设备和存储设备的是（　　）

   A. 移动硬盘、光盘、U 盘　　B. 鼠标、键盘、打印机

   C. 摄像头、打印机、U 盘　　D. 显示器、激光打印机、音响

9. 在计算机中，1MB 的存储容量等于（　　）

   A. 1000×1000B　　B. 1024×1024×1024B

   C. 1024×1024KB　　D. 1024×1024B

10. 1946 年，美国研制成功世界上第一台电子数字计算机，其英文简称为（　　）

    A. Micral　　B. EDVAC　　C. Computer　　D. ENIAC

11. 下列数值中，比二进制数 1111 大的是（　　）

    A. 十进制数 10　　B. 十六进制数 E

    C. 二进制数 1110　　D. 十六进制数 10

12. 计算机应用领域中，计算机辅助设计的英文简写是（　　）
A. CAN　　B. CAB　　C. CAI　　D. CAD
13. 不同的计算机在相互通信时需要遵守相同的字符编码标准，现在国际上通用的计算机信息交换标准代码是（　　）
A. 国标码　　B. ASCII 码　　C. 机外码　　D. 机内码
14. 电子元件采用超大规模集成电路的计算机，属于（　　）计算机。
A. 第一代　　B. 第二代　　C. 第三代　　D. 第四代
15. 我们通常所说 64 位计算机中的 64 位是指计算机的（　　）
A. CPU 主频　　B. 内存容量　　C. 运算速度　　D. 字长
16. ASCII 码使用指定的 7 位或 8 位二进制数组合来表示多种字符，其中 7 位编码的 ASCII 码可表示的字符个数为（　　）
A. 127　　B. 128　　C. 255　　D. 256
17. 在计算机中，一个汉字的标准编码（国标码）占用的存储空间是（　　）
A. 1B　　B. 2B　　C. 2bit　　D. 4B
18. 第一代电子数字计算机采用的电子元件是（　　）
A. 大规模及超大规模集成电路　　B. 集成电路
C. 晶体管　　D. 电子管
19. 成功研制了世界上第一台电子数字计算机的国家是（　　）
A. 美国　　B. 法国　　C. 英国　　D. 日本
20. 我们平时用的智能手机的触摸屏属于（　　）
A. 存储设备　　B. 输入设备
C. 输出设备　　D. 既是输入设备也是输出设备
21. 在计算机中，GB 用来表示（　　）
A. 传输速度的单位　　B. 运算速度的单位
C. 时钟频率的单位　　D. 存储容量的单位
22. 下列设备中，全部属于外部设备的是（　　）
A. 光驱，CPU，键盘，显示器
B. 内存，硬盘，扫描仪，摄像头
C. 打印机，键盘，鼠标，显示器
D. 光驱，U 盘，主板，硬盘，内存
23. 现在很多公司都利用计算机实现了办公自动化，这属于计算机应用中的（　　）
A. 人工智能　　B. 科学计算　　C. 实时控制　　D. 数据处理
24. 下列设备中，不属于输入设备的是（　　）
A. 显示器　　B. 键盘　　C. 扫描仪　　D. 摄像头
25. 计算机硬件系统包括（　　）
A. 计算器、控制器、寄存器、输入设备、输出设备
B. CPU、内存、硬盘、键盘、鼠标、显示器
C. CPU、内存、硬盘、主板、机箱、电源、键盘、鼠标、显示器
D. 运算器、控制器、存储器、输入设备、输出设备

26. 计算机辅助教学的英文缩写是（　　）
A. CAD　B. CAI　C. CAM　D. CAT
27. 下列关于内存与硬盘的说法，错误的是（　　）
A. 内存和硬盘都属于内部存储设备
B. 内存的容量相对硬盘来说比较小
C. 内存的存取速度与硬盘相比更快
D. 内存中的数据在断电后丢失，硬盘中的数据可以长期保存
28. 用来衡量 CPU 时钟频率的指标是（　　）
A. GHz　B. GB　C. bit　D. MIPS
29. 按照计算机应用领域的分类，下列属于人工智能的是（　　）
A. 无人驾驶汽车　B. 3D 动画制作
C. 极端天气模拟　D. 手机网络购物
30. 下列计算机应用项目中，不属于科学计算应用领域的是（　　）
A. 气象预报　B. 数控机床　C. 地震预测　D. 航天技术
31. 下列关于字节的说法，正确是（　　）
A. 字节是计算机的运算速度
B. 字节是计算机中存储的基本单位
C. 字节是计算机中最小的数据单位
D. 字节是计算机的计算精度
32. 在计算机中，表示数据的最小单位是（　　）
A. Byte　B. KB　C. bit　D. MB
33. 下列不属于计算机硬件系统五大部件之一的是（　　）
A. 运算器　B. 存储器　C. 控制器　D. 光盘
34. 下列依次为二进制数、八进制数和十六进制数的一组数是（　　）
A. 10，78，16　B. 20，80，15　C. 10，77，3A　D. 20，77，1E
35. 一个完整的计算机系统由（　　）
A. 主机和外部设备组成
B. 硬件系统和软件系统组成
C. CPU、存储器、输入输出设备组成
D. 主机、显示器、键盘和鼠标组成
36. 英文缩写 CAD 的中文含义是（　　）
A. 计算机辅助设计　B. 计算机辅助教学
C. 计算机辅助制造　D. 计算机辅助翻译
37. 计算机具有存储程序控制的功能，所以计算机能够（　　）
A. 进行数据处理　B. 输出数据处理结果
C. 自动、连续地进行数据处理　D. 输入数据进行计算
38. 在计算机中一切信息的传送、存取和处理的形式是（　　）
A. 十进制　B. 二进制　C. BCD 码　D. ASCII 码
39. 内存与硬盘相比，容量____，读写速度____，（　　）

A. 更大更快　　B. 更小更快　　C. 更大更慢　　D. 更小更慢

40. 在计算机中将硬盘上的数据复制到 U 盘上，称为（　　）

A. 写入 U 盘　　B. 读取 U 盘　　C. 输入 U 盘　　D. 打开 U 盘

41. 下列选项中，属于输出设备的是（　　）

A. 鼠标　　B. 投影仪　　C. 摄像头　　D. 键盘

42. 小明从网上下载了一部电影，该电影的大小约 2GB，这等于（　　）

A. 2×1024MB　　B. 2×1024×1024MB

C. 2×1024B　　D. 2×1024×8B

43. 下列选项中，不是用来表示计算机存储容量单位的是（　　）

A. MB　　B. KB　　C. GHz　　D. B

44. 下列设备中，属于存储介质的是（　　）

A. SD 卡　　B. 显卡　　C. 声卡　　D. 网卡

45. 利用下列程序设计语言编写的程序，不需要解释或翻译就可以被计算机识别和执行的是（　　）

A. 机器语言　　B. 汇编语言　　C. 高级语言　　D. 自然语言

46. 在使用不同进制的数字时，常使用字母来表示不同的进制。用来表示十六进制数的字母是（　　）

A. H　　B. 0　　C. D　　D. B

47. 按计算机应用领域的分类，手机支付属于（　　）

A. 科学计算　　B. 辅助设计　　C. 实时控制　　D. 数据处理

48. 在微信中不方便收听语音信息时，可以按住语音信息不放将其转换成文字，这主要应用了人工智能中的（　　）

A. 文字识别技术　　B. 指纹识别技术

C. 语音识别技术　　D. 光学字符识别技术

49. 下列关于计算机设备的描述，正确的是（　　）

A. RAM 是只读存储器　　B. ROM 是随机存储器

C. USB 接口只能连接 U 盘　　D. 可读写光盘既可读又可写

50. 对计算机的性能影响最大的是（　　）

A. 硬盘容量的大小　　B. CPU 的性能

C. RAM 的存取速度　　D. 显示器的尺寸

51. 硬盘由于内部有机械结构，所以在工作时最怕（　　）

A. 光照　　B. 震动　　C. 潮湿　　D. 噪声

52. 下列选项中，不属于存储设备的是（　　）

A. U 盘　　B. 光盘　　C. 硬盘　　D. 键盘

53. 电脑上一般都会配置 CD－ROM 这个设备，其中文含义是（　　）

A. 随机存储器　　B. 光盘只读存储器

C. 光盘随机存储器　　D. 只读存储器

54. 世界上第一台计算机是____年在美国诞生的电子数值积分计算机，简称____（　　）

A. 1946 年 ENIAC　　B. 1940 年 ENCAI

C. 1936 年 ENCAI　　D. 1956 年 ENIAC

55. 下列存储器中，全部都可以被 CPU 直接访问的一组是（　　）

A. 内存储器、外存储器　　B. ROM、RAM、硬盘

C. ROM、RAM、Cache　　D. 硬盘、U 盘、光盘

56. 在计算机中存储一个 16×16 点阵的汉字字形码，需要占用的存储空间是（　　）

A. 24B　　B. 32B　　C. 48B　　D. 72B

57. 计算机在我们生活中的应用极为广泛，但计算机刚研制出来时却是为了用于（　　）

A. 数据处理　　B. 科学计算　　C. 网络应用　　D. 实时控制

58. 下列关于内存与硬盘的说法，正确的是（　　）

A. 内存是运算设备，硬盘是存储设备

B. 内存的容量一般比硬盘大

C. 内存的存取速度比硬盘快

D. 内存和硬盘中的数据在断电后都能保留

59. “店铺销售管理系统”按照计算机应用的分类属于（　　）

A. 实时控制　　B. 辅助设计　　C. 科学计算　　D. 信息处理

60. 下列计算机设备中，属于输出设备的是（　　）

A. 打印机　　B. 键盘　　C. 扫描仪　　D. 鼠标

61. 在计算机中，用来表示存储单位“字节”的英文字母是（　　）

A. B　　B. b　　C. MB　　D. KB

62. 下列有关内存储器与外存储器的说法，错误的是（　　）

A. 内存储器可以被 CPU 直接访问，而外存储器不能

B. RAM 属于内存储器，硬盘属于外存储器

C. 内存储器中的信息断电后丢失，外存储器中的信息可以长期保存

D. 内存储器的主要性能指标是容量，外存储器的主要性能指标是存取速度

63. 电子计算机发展至今已经历了四个阶段，划分不同阶段电子计算机的依据主要是（　　）

A. 计算机规模的大小　　B. 计算机功能的多少

C. 计算机性能的强弱　　D. 计算机采用的电子元件

64. CPU 可以直接存取数据的存储器是（　　）

A. 硬盘　　B. 光盘　　C. 内存　　D. U 盘

65. 计算机应用领域中，人工智能的英文简写是（　　）

A. TV　　B. VR　　C. IT　　D. AI

66. 下列关于提高计算机性能的说法，正确的是（　　）

A. 更换大容量的硬盘可以提高计算机的性能

B. 更换性能更好的 CPU 可以提高计算机的性能

C. 更换大尺寸的显示器可以提高计算机的性能

D. 更换昂贵的鼠标和键盘可以提高计算机的性能

67. 超市收银员扫描商品条码时使用的条形码阅读器属于（　　）

A. 价格输入设备　　B. 条码输入设备

C. 编码输入设备　　D. 光学输入设备

68. CPU 要读取 U 盘中的数据，必须先将 U 盘中的数据调入（　　）
A. 控制器中　B. 运算器中
C. 硬盘中　D. 内存中
69. 一台计算机的性能主要由（　　）决定。
A. 内存的频率和容量　B. 硬盘的容量和显示器屏幕大小
C. CPU 的时钟频率和字长　D. CPU 的品牌和机箱大小
70. 衡量一台显示器的性能，主要是看其（　　）
A. 显示尺寸的大小　B. 分辨率的高低
C. 是否是者名品牌　D. 外观是否精美
71. 主机和外部设备构成了计算机的（　　）
A. 办公系统　B. 操作系统
C. 硬件系统　D. 软件系统
72. 下列选项中，可能是二进制数的是（　　）
A. 12563　B. 10011　C. 1123E　D. 12012
73. 在计算机设备中，麦克风属于（　　）
A. 输出设备　B. 音响设备　C. 输入设备　D. 显示设备
74. 下列计算机设备中，属于输入设备的是（　　）
A. 打印机　B. 鼠标　C. 显示器　D. 投影仪
75. 计算机从硬盘中读取数据传输到 CPU 中进行运算时，必须先将硬盘上的数据调入到（　　）
A. C 盘中　B. 光盘中　C. 内存中　D. U 盘中
76. 下列数字中，可能是二进制数的是（　　）
A. 1001　B. 1002　C. 1003　D. 1004
77. 在计算机的存储容量单位中，1024GB 等于（　　）
A. 1MB　B. 1KB　C. 1TB　D. 1B
78. 计算机问世至今已经历了四个时代，划分时代的主要依据是计算机的（　　）
A. 功能　B. 电子元件　C. 规模　D. 性能
79. 按照计算机应用的分类，“铁路联网售票系统”属于（　　）
A. 辅助设计　B. 信息处理　C. 实时控制　D. 科学计算
80. 计算机用于人口普查，其所属的应用领域是（　　）
A. 数据处理　B. 过程控制　C. 人工智能　D. 科学计算
81. 下列叙述中，错误的一条是（　　）
A. CPU 主要由运算器和控制器组成
B. 计算机软件分系统软件和应用软件两大类
C. 内存储器中存储当前正在执行的程序和处理的数据
D. 计算机硬件主要包括：主机、键盘、显示器、鼠标器和打印机五大部件
82. 下列叙述中，不正确的是（　　）
A. CPU 可以直接处理外部存储器中的数据
B. 操作系统是计算机系统中最主要的系统软件

C. CPU 可以直接处理内部存储器中的数据
D. 在裸机上能直接运行机器语言程序

83. 下列关于存储器的说法中，正确的是（　　）
A. ROM 是只读存储器，其中的内容只能读一次
B. 硬盘通常安装在主机箱内，所以硬盘属于内存
C. CPU 不能直接从外存储器读取数据
D. 任何存储器都有记忆能力，且断电后信息不会丢失

84. 以下有关存储单位的说法中不正确的是（　　）
A. 存储信息的最小单位是位　　B. KB>MB>GB>TB
C. 一个字节等于 8 个位　　D. 存储信息的基本单位是字节

85. 已知英文字母“a”的 ASCII 码值为 97，那么字母“e”的 ASCII 码值是（　　）
A. 100　　B. 101　　C. 102　　D. 103

86. 把存储在硬盘上的程序传送到指定的内存区域中，这种操作称为（　　）
A. 输出　　B. 写盘　　C. 输入　　D. 读盘

87. 下列字符中，其 ASCII 码值最大的一个是（　　）
A. 9　　B. Z　　C. d　　D. a

88. 在线翻译系统属于计算机应用领域中的（　　）
A. 人工智能　　B. 数据通信　　C. 电子购物　　D. 数据处理

89. 下列描述中，正确的是（　　）
A. 光盘驱动器属于主机，而光盘属于外设
B. 摄像头属于输入设备，而投影仪属于输出设备
C. U 盘即可以用作外存，也可以用作内存
D. 硬盘是辅助存储器，不属于外设

90. 在微机的配置中常看到“酷睿 i5 2.4G”字样，其中数字 2.4G 表示（　　）
A. 处理器的时钟频率是 2.4GHz　　B. 处理器的运算速度是 2.4GIPS
C. 处理器是酷睿 i5 第 2.4 代　　D. 内存的容量是 2.4GB

91. 目前各部门广泛使用的人事档案管理、财务管理等软件，按计算机应用分类，属于(　　)
A. 过程控制　　B. 科学计算　　C. 计算机辅助工程　　D. 数据处理

92. 由“0”和“1”组成的代码指令组表示的语言是（　　）
A. 自然语言　　B. 机器语言　　C. 汇编语言　　D. 高级语言

93. 下列三种语言中，按照对计算机硬件依赖程度从低到高排列顺序正确的是（　　）
A. 高级语言、汇编语言、机器语言
B. 机器语言、汇编语言、高级语言
C. 高级语言、机器语言、汇编语言
D. 汇编语言、高级语言、机器语言

94. 用计算机进行资料检索工作是属于计算机应用中的（　　）
A. 科学计算　　B. 信息处理　　C. 实时控制　　D. 人工智能

95. 微机中用户可用的内存容量是指（　　）

A. ROM 的容量　　B. RAM 的容量
C. ROM 与 RAM 的容量　　D. 所有存储器的总容量

96. 达·芬奇机器人是一种高级机器人平台，被应用于泌尿外科、儿童外科等相关手术。这主要体现计算机的应用领域是（　　）
A. 网络技术　　B. 数据处理技术
C. 人工智能　　D. 多媒体技术

97. 按电子计算机的发展年代划分，第一代至第四代计算机依次是（　　）
A. 模拟计算机，数字计算机，电子管计算机，集成电路计算机
B. 机械式计算机，个人计算机，微型计算机，巨型机
C. 电子管计算机，半导体计算机，集成电路计算机，大规模集成电路计算机
D. 电子管计算机，晶体管计算机，中小规模集成电路计算机，大规模、超大规模集成电路计算机

98. CGA、EGA、VGA 是计算机哪种硬件的规格和性能的标志（　　）
A. 打印机　　B. 显示器　　C. 存储器　　D. 总线

99. MIPS 用于描述计算机的运算速度，其含义是（　　）
A. 每秒钟处理百万个字符　　B. 每秒钟 CPU 发出的脉冲个数
C. 每分钟读取百万条指令　　D. 每秒钟处理百万条指令

100. 在计算机内存中要存放 1024 个 ASCII 码字符，需要占用的存储空间是（　　）
A. 1024KB　　B. 1024MB　　C. 1MB　　D. 1KB

101. 在计算机硬件系统组成中，属于控制器作用的一项是（　　）
A. 进行算术和逻辑运算　　B. 存储程序和数据
C. 分析、执行指令　　D. 提高运行速度

102. 存储 1024 个 24x24 点阵的汉字字形码需要的字节数是（　　）
A. 720B　　B. 72KB　　C. 7000B　　D. 7200B

103. 下列叙述中不正确的是（　　）
A. 机器语言程序执行效率最高
B. 高级语言最接近自然语言
C. 高级语言程序移植性最差
D. 汇编语言程序必须编译成机器语言程序才能执行

104. 计算机的技术指标有多种，而最主要的应该是（　　）
A. 运行速度和软件配置　　B. 主频、字长和主存容量
C. 体积、外设和内存容量　　D. 速度、体积和操作系统

105. 下列关于 CPU 的叙述中，正确的是（　　）
A. CPU 能直接读取硬盘上的数据
B. CPU 能直接与内存储器交换数据
C. CPU 主要组成部分是存储器和控制器
D. CPU 主要用于执行算术运算

106. 下面各种进制的数中，化为等值的十进制数最大的一个是（　　）
A. （11）B　　B. （11）D　　C. （11）O　　D. （11）H

107. 计算机的各种存储器中读写速度由快到慢的是（　　）
A. 硬盘> 内存 > Cache
B. Cache > 内存> 硬盘 > U 盘
C. 内存> 硬盘 > U 盘 > 缓存
D. 硬盘 > U 盘 > 内存 > 缓存
108. 直接通过总线与 CPU 连接的部件是（　　）
A. 内存储器　　B. 显示器　　C. 磁盘驱动器　　D. 键盘
109. 字母“A”在计算机内部的编码是（　　）
A. BCD 码　　B. ASCII 码　　C. 大五码 big5　　D. 国标码
110. 表示八进制数的字母是（　　）
A. B　　B. H　　C. O　　D. D
111. 2017 年出现了一种“勒索病毒”，袭击了全球 150 多个国家和地区，感染这种病毒后，病毒会利用各种加密算法对 文件进行加密，被感染者必须缴纳赎金才能解密。下列说法中错误的是（　　）
A. “勒索病毒”也是一个程序
B. “勒索病毒”能自我复制并通过网络传播
C. “勒索病毒”会破坏计算机的硬件
D. “勒索病毒”会破坏计算机中的数据
112. 下列关于计算机病毒的说法，错误的是（　　）
A. 杀毒软件往往要升级之后才能查杀新型病毒
B. 安装杀毒软件可以降低感染病毒的概率
C. 杀毒比较彻底的办法是磁盘格式化
D. 不连接外网就不会感染计算机病毒了
113. 人为编制的具有破坏性的特殊程序一般称为（　　）
A. 生物病毒　　B. 黑客程序
C. 系统漏洞　　D. 计算机病毒
114. 目前，计算机病毒传播速度最快、范围最广的途径是（　　）
A. 光盘　　B. 网络　　C. 移动硬盘　　D. U 盘
115. 下列行为中，可能会使计算机感染病毒的是（　　）
A. 从键盘输入数据　　B. 运行从网络上下载的程序
C. 用 Winrar 压缩文件　　D. 给好友发送电子邮件
116. 下列关于计算机病毒的说法，正确的是（　　）
A. 计算机病毒是一种特殊的计算机硬件
B. 计算机病毒是程序运行时出错而自动产生的
C. 计算机病毒是人为编制的特殊程序
D. 计算机病毒是专门感染计算机的生物病毒
117. 下列关于计算机病毒的说法，错误的是（　　）
A. 杀毒软件的更新通常滞后于计算机新病毒的出现
B. 一款杀毒软件并不能查杀所有的计算机病毒

C. 感染过计算机病毒的计算机具有对该病毒的免疫性
D. 计算机病毒会危害计算机中存储的数据

118. 一台计算机被称为“裸机”是因为（　　）
A. 没有安装任何应用软件　　B. 没有安装任何软件
C. 没有机箱　　D. 没有任何外部设备

119. 以下全属于计算机病毒特点的一组是（　　）
A. 隐蔽性、激发性、破坏性
B. 隐蔽性、破坏性、免疫性
C. 潜伏性、可触发性、易读性
D. 传染性、潜伏性、安全性

120. 以下事件不可能造成计算机中毒的是（　　）
A. 连接一个 U 盘　　B. 从键盘上输入数据
C. 下载邮件附件　　D. 扫描陌生二维码

第 2 章　Windows 7 操作系统

1. 下列文件中，属于可执行文件的是（　　）

A. backup. bak　　B. WinRAR. exe

C. image. bmp　　D. document. txt

2. 在浏览网页时，当鼠标移动到超链接区域时，指针形状会变为（　　）

A. 　　B. 　　C. 　　D. 

3. 键盘上的 Shift 键是（　　）

A. 删除键　　B. 制表键　　C. 上档键　　D. 截图键

4. 按下键盘上的“CapsLock”键，可以实现（　　）

A. 输入大小写字母的切换　　B. 光标跳转到下一行

C. 删除光标前的字符　　D. 切换中英文输入法

5. 下列软件中，属于应用软件的是（　　）

A. SQL Server　　B. Android　　C. Java　　D. PowerPoint

6. 小明从电脑城组装了一台计算机，该计算机是一台裸机，需要小明最先安装的软件应该是（　　）

A. SQL server　　B. Office　　C. Windows　　D. Java

7. 下列软件中，不属于应用软件的是（　　）

A. Windows　　B. Word　　C. 微信　　D. 360 杀毒

8. 键盘上具有大小写锁定功能的按键是（　　）

A. Backspace　　B. CapsLock　　C. Enter　　D. NumLock

9. 计算机软件一般分为两类，分别是（　　）

A. 系统软件和应用软件

B. Windows 和 office

C. 操作系统和应用软件

D. 收费软件和免费软件

10. 在输入文档时，需要从“插入”状态切换成“改写”状态，应该按键盘上的（　　）

A. NumLock 键　　B. Shift 键　　C. CapsLock 键　　D. Insert 键

11. 下列文件中，属于文本类型的是（　　）

A. 信息管理 . exe　　B. 登记照 . jpg　　C. 简介 . txt　　D. 音乐 . mp3

12. 下列选项中，全都属于系统软件的是（　　）

A. office、Photoshop　　B. Windows、Android
C. Flash、Windows　　D. SQL Server、Dreamweaver

13. 下列格式的文件中，不能用“附件”下的“画图”工具处理的是（　　）
A. JPG 文件　　B. GIF 文件　　C. WMV 文件　　D. PNG 文件

14. IE 工具栏上表示主页的按钮是（　　）
A. 　　B. 　　C. 　　D. 

15. 计算机中表示“复制”的快捷键是（　　）
A. Ctrl＋A　　B. Ctrl＋V　　C. Ctrl＋X　　D. Ctrl＋C

16. 键盘上的 Backspace 键称为（　　）
A. 删除键　　B. 屏幕打印键　　C. 退格键　　D. 回车键

17. 键盘上“数字锁定键”是（　　）
A. Backspace　　B. Shift　　C. Caps Lock　　D. Numlock

18. 通常所说的打开一个文件是指（　　）
A. 将文件从高速缓存 Cache 装入 CPU
B. 将文件从内存调入 CPU
C. 将文件从 U 盘拷贝到硬盘
D. 将文件从外存调入内存

19. Windows 中的“剪贴板”是指（　　）
A. 硬盘中的一块区域　　B. 软盘中的一块区域
C. 高速缓存中的一块区域　　D. 内存中的一块区域

20. 键盘上的退格键是（　　）
A. Backspace　　B. Delete　　C. Shift　　D. PageUp

21. 以下行为侵犯软件版权的是（　　）
A. 出售自主开发的软件
B. 将购买的软件安装到自己的计算机上
C. 下载安装共享软件
D. 将正版软件复制给他人使用

22. 以下软件属于应用软件的一组是（　　）
A. Windows 7、DOS　　B. C/C＋＋语言
C. 360 杀毒、IE 浏览器　　D. Unix、Linux

23. 一台“裸机”首先需要安装的软件是（　　）
A. 操作系统　　B. 办公软件　　C. 数据库管理软件　　D. 工具软件

24. 下列删除文件的操作，文件删除后无法恢复的是（　　）。
A. 用 Delete 键删除
B. 用 Shift Delete 键删除
C. 用 Ctrl＋D 键删除
D. 用“文件”菜单中的“删除”命令

25. 按下键盘上的 Print Screen 键可以（　　）
A. 截取当前窗口的图像

B. 抓取当前窗口的动态操作

C. 截取整个屏幕的图像

D. 抓取整个屏幕的动态操作

26. 下列文件中，不属于图形图像文件的是（　　）

A. image. MP3　　B. image. JPG

C. image. GIF　　D. image. BMP

27. 用“画图”软件绘制一幅图像，以相同的分辨率分别保存为 image. bmp（24 位位图）和 image. jpg 两个文件。下列 关于占用磁盘空间的说法正确的是（　　）

A. image. bmp 比较大　　B. image. jpg 比较大

C. 无法确定　　D. 一样大

28. 下列文件中，属于图像文件的是（　　）

A. 鼓浪屿 . xls　　B. 鼓浪屿 . bmp

C. 鼓浪屿 . avi　　D. 鼓浪屿 . mp3

29. 有关 Windows 7 操作系统功能的说法中，不正确的是（　　）

A. Windows 7 管理计算机软件和硬件资源

B. Windows 7 内置了较强的网络功能

C. Windows 7 只能管理计算机文件

D. Windows 7 是用户与计算机之间通信的接口

30. 在 Windows 操作系统中删除桌面上某个应用程序的快捷方式图标，则（　　）

A. 删除了图标，对应的应用程序保留

B. 该图标和对应的应用程序一起被隐藏

C. 图标被隐藏，删除对应的应用程序

D. 该图标和对应的应用程序一起被删除

31. 在 Windows 7 系统中，按住鼠标左键同时移动鼠标器的操作称为（　　）

A. 双击　　B. 单击　　C. 拖拽　　D. 右击

32. 对话框中某选项前的“◉”表示的含义是（　　）

A. 单选项，当前被选中　　B. 复选项，当前被选中

C. 单选项，当前未被选中　　D. 复选项，当前未被选中

33. 在 Windows 7 系统中，能弹出对话框的操作是（　　）

A. 选择了颜色变灰的菜单选项

B. 选择了带“▸”的菜单选项

C. 选择了带“…”的菜单选项

D. 选择了带快捷键的菜单选项

34. 在 Windows 7 的窗口中，采用哪种查看方式，看到的信息最多（　　）

A. 大图标　　B. 小图标　　C. 详细信息　　D. 列表

35. 不属于 Windows 7 操作系统特点的是（　　）

A. 采用图形窗口界面

B. 多任务并行操作

C. 采用字符操作界面

D. 既能使用键盘操作也能使用鼠标操作

36. 在 Windows 7 系统中，当一个窗口被最大化后它将不能（　　）

A. 移动　　B. 改变大小　　C. 还原　　D. 关闭

37. Windows 7 的桌面指的是（　　）

A. 所有窗口　　B. 整个屏幕　　C. 活动窗口　　D. 整个窗口

38. 将一个应用程序窗口最小化，表示（　　）

A. 终止该应用程序的运行

B. 该程序窗口被自动关闭

C. 该应用程序转入后台暂停运行

D. 该应用程序转入后台继续运行

39. 哪种版本的 Windows 7 包含的功能最多（　　）

A. 旗舰版　　B. 家庭基础版　　C. 企业版　　D. 初级版

40. 在 Windows 7 系统中，用“创建快捷方式”创建的图标（　　）

A. 只能用是户创建的文件

B. 可以是任何文件和文件夹

C. 只能是可执行程序或程序组

D. 只能是程序文件或文档文件

41. 可以通过“开始”菜单进行的操作有（　　）

A. 关闭计算机　　B. 启动应用程序

C. 更改系统设置　　D. 以上都可以

42. 在 Windows 7 系统中，将整个桌面复制到剪贴板的快捷键是（　　）

A. Backspace　　B. PrintScreen

C. Capslock　　D. Ctrl+C

43. Windows 7 的任务栏（　　）

A. 只能改变大小，不能改变位置

B. 只能改变位置，不能改变大小

C. 既能改变大小也能改变位置

D. 既不能改变大小也不能改变位置

44. 下列属于快捷方式图标的是（　　）

A. 　　B. 　　C. 　　D. 

45. 在 Windows 7 的回收站中，可以恢复（　　）

A. 从硬盘中删除的文件或文件夹

B. 从移动磁盘中删除的文件或文件夹

C. 剪切掉的文档

D. 从网络中删除的文件或文件夹

46. 一个文件的扩展名通常用于表示（　　）

A. 文件的版本　　B. 文件的大小

C. 文件的类型　　D. 文件的路径

47. 在 Windows 7 系统中，“粘贴”的快捷键是（　　）

A. Ctrl＋Z　　B. Ctrl＋X　　C. Ctrl＋V　　D. Ctrl＋C

48. 在 Windows 资源管理器管理中，欲将 C 盘下的一个文件复制到 E 盘，以下方法中不正确的是（　　）

A. 直接将文件从 C 盘拖到 E 盘

B. 按住 Ctrl 键将文件从 C 盘拖到 E 盘

C. 使用快捷键 Ctrl＋C 和 Ctrl＋V

D. 按住 Shift 键将文件从 C 盘拖到 E 盘

49. 若将文件直接删除而不放入回收站，可以按键盘上的（　　）

A. Delete　　B. Backspace

C. Ctrl＋X　　D. Shift＋Delete

50. 在 Windows 7 系统中，要建立、编辑文本文档，可以利用“附件”下系统自带的(　　)

A. 资源管理器　　B. 记事本　　C. 画图程序　　D. 截屏工具

第 3 章　因特网（Internet）应用

1. 要想访问因特网上的 WWW 页面，计算机上需要安装的软件是(　　)

   A. Office　　B. Dreamweaver　　C. 浏览器　　D. 编辑器

2. 无线网络与有线网络相比最大的优点是(　　)

   A. 网络覆盖范围更广　　B. 可以随时随地上网

   C. 网络信号更加稳定　　D. 网速传输速度更快

3. 浏览器的收藏夹中收藏的内容主要是(　　)

   A. 下载的图片　　B. 下载的网页

   C. 网页的地址　　D. 网页的内容

4. FTP 指的是(　　)

   A. 文件传输协议　　B. 超文本传输协议

   C. 简单邮件传输协议　　D. 邮局协议

5. 在手机上通过网络订餐、买电影票、购物等应用，主要体现的信息技术发展方向是(　　)

   A. 自动化　　B. 网络化　　C. 虚拟化　　D. 智能化

6. 因特网上采用统一资源定位器来识别网络上的资源，缩写为(　　)

   A. TCP/IP　　B. www　　C. http　　D. URL

7. QQ、微信等类型的软件，其主要的用途是(　　)

   A. 下载文件　　B. 即时通信　　C. 网络购物　　D. 在线游戏

8. 打开网页后从网页上下载了一个文件，使用的网络服务有(　　)

   A. 远程登录、文件传输　　B. 信息浏览、文件传输

   C. 信息浏览、电子邮件　　D. BBS、文件传输

9. 用户电子邮箱中的邮件默认保存在(　　)

   A. 用户计算机的内存中　　B. 邮件服务器的硬盘中

   C. 邮件服务器的内存中　　D. 用户计算机的硬盘中

10. 在域名 www.zhuofan.com 中，“com”表示该网站属于(　　)

    A. 教育机构　　B. 网络机构　　C. 美国地区　　D. 商业机构

11. 计算机网络最主要的功能是(　　)

    A. 提高计算机的可靠性　　B. 提供了很多网络服务

    C. 数据通信和资源共享　　D. 扩充计算机的存储容量

12. 顶级域名 gov 表示的是（　　）
A. 军事机构　B. 商业组织　C. 政府机构　D. 教育机构
13. 我们现在使用的智能手机绝大部分都属于 4G 手机，这里的 4G 是指（　　）
A. 第四代移动通信技术　B. 4GB 内存
C. CPU 的主频　D. 网络速度
14. 在组建大型计算机网络时，对网络传输速度的要求会非常高，那么最合适的传输介质是（　　）
A. 光纤　B. 同轴电缆　C. 双绞线　D. 红外线
15. 下列网络行为中，使用了文件传输服务的是（　　）
A. 使用微信聊天　B. 浏览网页
C. 发送电子邮件　D. 从网上下载软件
16. 通过电话线接入到 Internet 时，需要用到 Modem 这个设备，Modem 指的是（　　）
A. 电话机　B. 网关
C. 调制解调器　D. 路由器
17. 下列选项中，正确的电子邮箱地址是（　　）
A. qq. com@zhuofan　B. zhuofan@qq. com
C. zhuofan. qq@com　D. zhuofan. qq. com
18. 下列网络传输介质中，传输距离最远、抗干扰能力最强的是（　　）
A. 双绞线　B. 光纤　C. 微波　D. 同轴电缆
19. 通过计算机可以进行语音识别、指纹解锁等操作，这种利用计算机模仿人的高级思维活动被称为（　　）
A. 辅助设计　B. 数据处理
C. 人工智能　D. 自动化处理
20. 下列选项中，不属于搜索引擎的是（　　）
A. 百度　B. 天猫　C. 谷歌　D. 必应
21. 计算机网络的主要功能是数据通信、分布式处理和（　　）
A. 在线服务　B. 数据存储　C. 资源共享　D. 资源分配
22. 想要访问某个中学的校园网站，需要知道（　　）
A. 校园网站的网址　B. 学校的电子邮箱
C. 学校的地址　D. 学校的官方微博
23. 在计算机网络中，防火墙的作用是（　　）
A. 查杀计算机病毒　B. 将内部网络和外部网络隔离
C. 防火防雷　D. 抗电磁干扰
24. 下列行为中，不能提高信息安全性的是（　　）
A. 安装防火墙和杀毒软件
B. 定期格式化硬盘并重装操作系统
C. 定期更换重要的密码
D. 不要随意打开陌生人发来的邮件或链接
25. 下列软件中，不属于即时聊天软件的是（　　）

A. QQ　　B. 微信　　C. 钉钉　　D. 美团

26. 下列网络行为中，使用了 WWW 服务的是(　　)

A. 使用微信聊天　　B. 浏览网页

C. 发送电子邮件　　D. 从网上下载软件

27. 下列属于人工智能应用的是(　　)

A. 制作动画　　B. 图像加工

C. 人脸识别　　D. 编辑文稿

28. Internet 是在 ARPNET（阿帕网）的基础上经过不断发展变化而形成的，而最初创建 ARPNET 的目的是用于(　　)

A. 教育　　B. 军事　　C. 科学　　D. 航天

29. 不能用于在网络上展示个人动态的是(　　)

A. 微信朋友圈　　B. QQ 空间　　C. 电子邮箱　　D. 微博

30. 下列网站中，属于教育机构网站的是(　　)

A. http：//www. cnnic. net. cn

B. http：//www. harvard. edu

C. http：//www. icann. org

D. http：//www. sina. com. cn

31. 某个网站的网址是 http：//www. xmu. edu. cn，其中的“edu”表示该网站属于(　　)

A. 商业组织　　B. 中国地区　　C. 网络机构　　D. 教育机构

32. 下列网络行为中，符合网络道德规范的是(　　)

A. 将正版软件免费提供给其他人使用

B. 在网上传播自己制作的病毒程序

C. 不发表、不转发未经证实的消息

D. 将自己收到的垃圾邮件转发给其他人

33. 在办公室或家庭中组建无线局域网时使用的无线短距离通信技术是(　　)

A. WiFi　　B. 蓝牙　　C. 卫星通信　　D. 4G

34. 不合法的 IP 地址是(　　)

A. 119. 147. 19. 254　　B. 222. 73. 3. 71

C. 222. 73. 256. 21　　D. 14. 17. 33. 222

35. 每个电子邮箱地址中都包含符号“@”，“@”符号前面的内容是(　　)

A. 用户计算机名　　B. 邮件服务器主机名

C. 电子邮箱账户　　D. 因特网服务提供商

36. 在计算机网络中，一般把需要共享给多个用户使用的资源放在单独的一台计算机上，这台计算机被称为(　　)

A. 工作站　　B. 客户机　　C. 路由器　　D. 服务器

37. 在内部网络与外部网络之间添加防火墙是为了(　　)

A. 让内部网络与外部网络相连接

B. 将外部网络与内部网络隔离

C. 让内部网络不能访问外部网络

D. 防止内部网络感染计算机病毒

38. 打开腾讯网站查看当天的新闻，需要使用(　　)

A. 即时通信软件　　B. 浏览器软件　　C. 杀毒软件　　D. 办公软件

39. 小明想把自己的照片、生活视频、学习资料等内容存放到网络上，以便随时随地地通过网络与好友分享，下列具有 这种功能的是(　　)

A. 云盘　　B. U 盘　　C. 光盘　　D. 移动硬盘

40. 使用全文搜索引擎在网络上查找信息时，用户需要输入(　　)

A. 查找的范围　　B. 搜索引擎的名称　　C. 信息的类型　　D. 关键字

41. 如果发送电子邮件时，收件人地址填写错误，那么电子邮件将(　　)

A. 反复发送　　B. 被退回　　C. 丢失　　D. 被删除

42. 按网络覆盖范围划分，移动通信网络属于(　　)

A. 城域网　　B. 无线网　　C. 广域网　　D. 局域网

43. 下列网站中，不属于网络购物网站的是(　　)

A. 京东商城　　B. 苏宁易购　　C. 天猫　　D. 腾讯

44. 联合国教科文组织的网站是 http：//www. unesco. org，其中的“org”表示机构所属类型为(　　)

A. 教育机构　　B. 政府机构　　C. 非营利组织　　D. 商业组织

45. 下列关于发送电子邮件的说法，正确的是(　　)

A. 不能将电子邮件同时发给多个人

B. 电子邮件的内容只能是文本

C. 发件人不能给自己发送电子邮件

D. 可以通过电子邮件的附件来发送文件

46. 在因特网上查找所需的信息，应该使用(　　)

A. 电子邮件　　B. 下载软件　　C. 即时通信软件　　D. 搜索引擎

47. HTTP 协议主要用于(　　)

A. 浏览网页　　B. 下载文件

C. 发送电子邮件　　D. 接收电子邮件

48. 为了保证网页打开的速度，网页中的图片一般不会采用(　　)

A. gif 格式　　B. bmp 格式　　C. png 格式　　D. jpg 格式

49. 为了在网络中准确的传输数据，并保证数据的正确性，Internet 采用的主要协议是(　　)

A. SMTP　　B. TCP/IP　　C. IPX/SPX　　D. FTP

50. 下列关于电子邮箱的说法，正确的是(　　)

A. 电子邮箱就是邮局中的私人信箱

B. 电子邮箱位于邮件服务器的硬盘上

C. 电子邮箱位于邮件服务器的内存中

D. 电子邮箱位于用户计算机的硬盘上

51. 下列关于发送电子邮件的说法，正确的是(　　)

A. 给别人发送电子邮件，自己首先要有一个电子邮箱

B. 需要知道收件人的电子邮箱和登录密码

C. 不能同时给多个人发送电子邮件

D. 通过电子邮件不能发送文件

52. 下列关于电子邮件的说法，错误的是（　　）

A. 发件人必须在线才能发送成功

B. 可以自己给自己发送

C. 只能发给一个人

D. 可以将收到的邮件转发给他人

53. 在计算机网络中，提供并管理共享资源的设备是（　　）

A. 工作站　　B. 交换机　　C. 路由器　　D. 服务器

54. 下列属于网络信息安全措施的是（　　）

A. 定期重新安装操作系统

B. 经常进行磁盘碎片整理

C. 经常更换资金账户的密码

D. 经常重启 Modem 或路由器

55. 在电子邮箱“c@mail@sina. com”中，c@mail 属于电子邮箱的（　　）

A. 用户名　　B. 计算机名

C. 域名　　D. 邮件服务器名

56. 使用 IE 浏览器浏览网页时，如果需要保存网址信息，应该（　　）

A. 将网址添加到历史记录中　　B. 将网址设为主页

C. 将网址添加到收藏夹中　　D. 将网页保存到本地

57. 为了标识出主机在网络中的位置，网络中的每台主机都有一个唯一的地址，该地址分为四段，由数字组成，称为（　　）

A. 网址　　B. IP 地址　　C. URL　　D. 域名

58. 通过浏览器访问网站 http：//www. qq. com 浏览网页，使用的协议是（　　）

A. FTP　　B. ISP　　C. HTTP　　D. POP3

59. 网址 http：//www. fuzhou. gov. cn 中，gov 表示该网站属于（　　）

A. 商业组织　　B. 政府机关　　C. 军事部门　　D. 教育机构

60. 按网络覆盖范围划分，在同一个校园内互联的计算机网络属于（　　）

A. 校园网　　B. 因特网　　C. 广域网　　D. 局域网

61. 给收件人发送电子邮件后，如果收件人并没有上网，电子邮件将会（　　）

A. 发送失败　　B. 被退回

C. 丢失　　D. 发送到收件人的邮件服务器上

62. 用光纤作为计算机网络中的传输介质，其特性是（　　）

A. 传输速度快，抗干扰能力差

B. 传输速度快，抗干扰能力强

C. 传输速度慢，抗干扰能力强

D. 传输速度慢，抗干扰能力差

63. 下列属于专业下载工具的是（　　）

A. 迅雷看看　　B. 酷狗音乐　　C. 暴风影音　　D. 迅雷

64. 在 IE 浏览器中，工具栏上“刷新”按钮的作用是(　　)

A. 停止下载当前网页　　B. 将当前网页添加到收藏夹

C. 重新下载当前网页　　D. 返回到主页面

65. 小明需要将自己制作的演示文稿通过邮件发送给老师，他可以将演示文稿添加到邮件的(　　)

A. 主题中　　B. 正文中　　C. 附件中　　D. 收件人中

66. 在因特网上不能传输(　　)

A. 音频、视频　　B. 图形、图像

C. 文字、动画　　D. 纸质信件、快递包裹

67. 超文本传输协议的简称是(　　)

A. HTML　　B. HTTP　　C. SMTP　　D. POP3

68. 小明的电子邮箱地址是：chenhua1031@foxmail.com，其中的“foxmail.com”是(　　)

A. 用户计算机名　　B. 邮件服务器主机名

C. 电子邮箱账号　　D. 因特网服务提供商

69. 无线移动网络相比有线网络，最突出的优点是(　　)

A. 网络资费更低　　B. 随时随地都能上网

C. 可以在线看电影　　D. 网速更快

70. 迅雷软件主要用于(　　)

A. 即时通讯　　B. 下载资源　　C. 下载音乐　　D. 下载电影

71. 按照计算机网络的规模和覆盖范围来分类，Internet 属于(　　)

A. 无线网　　B. 局域网　　C. 广域网　　D. 专用网

72. 要将网页中的图片保存到本地，正确的操作是(　　)

A. 右击该图片，在弹出的快捷菜单中选择“添加到收藏夹”命令

B. 右击该图片，在弹出的快捷菜单中选择“目标另存为”命令

C. 单击该图片，选择“图片另存为”命令

D. 右击该图片，在弹出的快捷菜单中选择“图片另存为”命令

73. 在浏览网页时，当鼠标指针移动到含有超链接的文字或图片上时，指针形状会变为(　　)

A. 　　B. 　　C. 　　D. 

74. 在浏览网页时，当鼠标的指针变成“小手”形状时，说明指针指向的区域(　　)

A. 有下拉框　　B. 可以输入　　C. 可以复制　　D. 有超链接

75. 打开网页浏览信息，使用的因特网服务是(　　)

A. 电子邮件　　B. 远程登录

C. 万维网　　D. 电子公告板

76. 下列关于电子邮件中添加附件的说法，错误的是(　　)

A. 可以添加图形文件　　B. 可以添加声音文件

C. 可以添加视频文件　　D. 可以添加文件夹

77. 在域名 www.fjtop.net 中，“net”表示该网站属于(　　)

A. 网络机构　B. 政府机构　C. 商业机构　D. 教育机构

78. 下列合法的 IP 地址是(　　)
A. 203. 257. 0. 1　B. 256. 23. 1. 2
C. 202. 234. 17. 28　D. 202. 202. 1

79. 利用 QQ 与网友互动，这属于计算机网络哪方面的应用(　　)
A. 信息浏览　B. 资源下载　C. 网络通信　D. 协同处理

80. 下列属于计算机网络连接设备的是(　　)
A. 路由器　B. 电话机　C. 声卡　D. 摄像机

81. 下列不属于常用的即时聊天软件的是(　　)
A. 微信　B. YY 语音　C. 酷狗　D. QQ

82. 下列不属于常用下载工具软件的是(　　)
A. 暴风影音　B. 迅雷　C. QQ 旋风　D. 网际快车

83. 下列不属于网络购物网站的是(　　)
A. 搜狗网　B. 京东商城　C. 亚马逊　D. 阿里巴巴

84. 网络中不常用的图片格式是(　　)
A. png　B. jpg　C. gif　D. bmp

85. 下列不属于搜索引擎的是(　　)
A. Sogou　B. Baidu　C. Taobao　D. Google

86. Internet 起源于(　　)
A. 美国　B. 英国　C. 中国　D. 法国

87. 要在因特网上查找和搜索相关资料，可以使用(　　)
A. 电子邮件　B. HTML　C. JAVA　D. 搜索引擎

88. 以下属于合法的 IP 地址的是(　　)
A. 120. 100. 256. 1　B. 120. 100. 1
C. 123. 202. 105. 1　D. 300. 202. 1. 0

89. 下列都属于非实时信息交流方式的是(　　)
A. IP 电话、电子邮件　B. IP 电话、MSN 聊天
C. MSN 聊天、BBS 论坛　D. 电子邮件、BBS 论坛

90. 以下行为属于违法行为的是(　　)
A. 将购买的软件按操作说明进行安装
B. 下载免费软件并安装
C. 将自己设计的软件与他人分享
D. 破解正版软件的序列号

91. 上网时在地址栏上输入的一串字符“http：//www. baidu. com”，我们把它称为(　　)
A. IP 地址　B. 域名　C. URL　D. 万维网

92. 下列不属于因特网服务内容的是(　　)
A. 检索网络信息　B. 收发电子邮件
C. 播放光盘视频　D. 下载共享软件

93. Outlook 2010 软件用于(　　)

A. 浏览网页　　B. 收听广播
C. 网上购物　　D. 收发电子邮件

94. 个人计算机采用 ADSL 方式接入因特网，需要具备的硬件是(　　)
A. 电话机　　B. 电话线和 ADSL Modem
C. 声卡　　D. 读卡器

95. 在因特网技术中，ISP 的中文全名是(　　)
A. 因特网服务提供商　　B. 因特网服务产品
C. 因特网服务协议　　D. 因特网服务程序

96. 某台计算机的 IP 地址为“192.168.36.48”，子网掩码为“255.255.255.0”，则该计算机的主机地址是(　　)
A. 48　　B. 192　　C. 168　　D. 36

97. 在“http://www.fj.gov.cn/index.html”中，“index.html”称为(　　)
A. 协议　　B. 网络号　　C. 主页名　　D. 域名

98. 在百度的搜索框中输入“瓷器的发源地”进行搜索，这种搜索方式属于(　　)
A. 全文搜索　　B. 分类搜索
C. 内容搜索　　D. 元搜索

99. 以下不属于 Internet 基本功能的是(　　)
A. 资源共享　　B. 数据通信
C. 信息浏览　　D. 编辑网站

100. 下列不属于因特网接入方式的是(　　)
A. 拨号接入方式　　B. Wi-Fi 接入
C. 专线接入　　D. 自动接入

101. 在 IE 浏览器中，“主页”按钮的作用是(　　)
A. 打开 Internet 选项中设置的主页
B. 打开浏览过的网站的首页
C. 打开当前正在浏览的网站的首页
D. 将当前打开的网页设置为主页

102. 在电子邮箱地址“fjhk@hotmail.com”中，用户名是(　　)
A. hotmail　　B. fjhk
C. @　　D. hotmail.com

103. 下列关于网络防火墙的叙述，错误的是(　　)
A. 防火墙可以防止对受保护的网络进行未授权的访问
B. 使用防火墙可以增强网络的安全性
C. 防火墙就是一种查杀计算机病毒的软件
D. 使用防火墙可以阻挡黑客攻击

104. 以下有关搜索引擎的说法中不正确的是(　　)
A. 全文搜索引擎通过输入关键词搜索
B. 目录搜索引擎采用分类搜索
C. 通过搜索引擎可以搜索 www 信息

D. 各种搜索引擎搜索的效果都一样

105. 用搜索引擎搜索信息时，为了使搜索的结果比较精确，可以在搜索时(　　)
A. 改变关键词
B. 使用逻辑控制符号 OR
C. 换一种搜索引擎
D. 使用逻辑控制符号 AND，使多个条件同时满足要求进行限制

106. 未经允许，随意转载别人文章的行为属于(　　)
A. 侵犯他人知识产权的行为
B. 维护信息安全的行为
C. 合理利用信息的行为
D. 信息共享的行为

107. DNS 的作用是(　　)
A. 域名解析　　B. 划分子网
C. 设置网关　　D. 拨号上网

108. 造成网络安全主要危害的是(　　)
A. 网络上垃圾文件越来越多
B. 使用计算机上网的人越来越多
C. 网页中多媒体技术的大量使用
D. 计算机病毒、黑客的非法入侵以及网络陷阱

109. 要把文件存储在网络上，以下哪项可以存储网络文件(　　)
①360 云盘　②光盘　③网络 U 盘　④网页页面　⑤电子邮箱
A. ①②③　　B. ②③⑤
C. ①③④　　D. ①③⑤

110. 在计算机中安装防火墙的目的不包括(　　)
A. 查杀木马　　B. 阻挡可疑程序
C. 整理磁盘碎片　　D. 阻止黑客（Hacker）的入侵

111. 360 安全卫士的功能不包括(　　)
A. 电脑体检　　B. 文字处理
C. 木马查杀　　D. 预防黑客入侵

112. 下列属于正确的 URL 路径是(　　)
A. http://www. fjhk. com. cn/index. htm
B. C:\Program Files\Windows NT
C. D:\我的文档 \ hk. doc
D. zhang@163. com

113. 要在百度中搜索鲁迅先生写的小说《呐喊》最恰当的关键词是(　　)
A. 鲁迅小说　　B. 鲁迅《呐喊》
C. 小说《呐喊》　　D. 《呐喊》

114. 在因特网上提供信息浏览的服务器称为(　　)
A. www 服务器　　B. email 服务器

C. news 服务器　　　D. ftp 服务器

115. 下列关于保护知识产权的叙述中，不正确的是(　　)

A. 作为软件的使用者，应自觉使用正版软件

B. 未经软件版权人的允许，不得对其软件进行修改

C. 在自己的作品中引用他人的作品时，不必注明引用信息的来源

D. 购买盗版软件是一种侵权行为

116. 域名服务器（DNS 服务器）上存放着因特网主机的(　　)

A. IP 地址　　　B. 域名

C. 域名或 IP 地址　　　D. 域名和 IP 的对照表

117. 网络中常用的设备“路由器”是一种(　　)

A. 无线装置

B. 连接计算机网络的设备

C. 语音信号与计算机信号的转换设备

D. 数字信号与模拟信号的转换器

118. 下列选项中，最安全的密码是(　　)

A. kkk333　　B. Li * 9kA　　C. AAAbbb　　D. xiuBI88

119. 将手机设置成便携式热点便于(　　)

A. 节约带宽　　B. 远程控制　　C. 共享无线上网　　D. 提高网速

120. Internet 网中某一主机域名为：lab. scut. edu. cn，其中主机名部分为(　　)

A. lab　　B. scut　　C. edu　　D. cn

121. 调制解调器（Modem）的作用是(　　)

A. 将数字信号转换成模拟信号

B. 将模拟信号转换成数字信号

C. 将数字信号与模拟信号相互转换

D. 为了拨打电话与上网两不误

122. 通常用带宽衡量网络速率，如带宽为 10M，其单位是(　　)

A. bit/s　　B. MIPS　　C. Byte/s　　D. Hz

123. 在百度网站交互式检索、浏览信息，属于互联网应用中的(　　)

A. E-mail　　B. FTP　　C. Telnet　　D. WWW

124. 某同学使用搜索引擎查找有关熊猫生活习性的资料。对此，最佳搜索关键词是(　　)

A. 熊猫资料　　B. 熊猫生活习性　　C. 熊猫　　D. 习性

125. 虚拟的网络社会也需要有一定的礼仪。下列选项中，符合使用电子邮件礼仪要求的是(　　)

A. 输入邮件主题，呈现邮件主要内容

B. 信件的内容越长越好

C. 附件容量越大越好

D. 随意给他人发送邮件

126. 下列不属于使用网络获取信息的方法是(　　)

A. 查询在线数据库　　　B. 使用百度查找信息

C. 拨打客服电话　　D. 浏览专家博客

127. 互联网通信的质量有两个重要的指标，即传输率和(　　)
A. 波特率　　B. 误码率　　C. 编码率　　D. 占有率

128. IP 地址由两部分组成，即主机地址和(　　)
A. 路由器地址　　B. 服务器地址
C. 机构名称　　D. 网络地址

129. 以下哪个文件属于网页文件(　　)
A. main. exe　　B. default. pdf
C. human. fla　　D. index. htm

130. 下列不属于常见因特网接入方式的是(　　)
A. 拨号接入方式　　B. 专线接入方式
C. 无线接入方式　　D. 手动接入方式

131. 北京大学网站域名为 www. pku. edu. cn，其中 www 属于域名组成中的(　　)
A. 主机域名部分　　B. 机构域名部分
C. 协议域名部分　　D. 地区域名部分

132. 某台计算机的 IP 地址为“172. 58. 10. 98”，子网掩码为“255. 255. 255. 0”，则该计算机的主机地址是(　　)
A. 172　　B. 58　　C. 10　　D. 98

133. 下列不属于网络安全防护技术的是(　　)
A. 防火墙技术
B. 网页制作技术
C. 数据加密技术
D. 数据备份与灾难恢复技术

134. 下列选项中，都属于搜索引擎的是(　　)
A. 全文搜索引擎和目录搜索引擎
B. 内容搜索引擎和随机搜索引擎
C. 元搜索引擎和顺序搜索引擎
D. 目录搜索引擎和随机搜索引擎

135. 要将电子阅览室的计算机组成局域网，下列最合适的传输介质是(　　)
A. 双绞线　　B. 电源线　　C. 光纤　　D. 电话线

136. 使用全文搜索引擎 www. baidu. com 进行资料查询时，实际检索的是(　　)
A. 国内的因特网资源　　B. 整个因特网资源
C. 本地计算机的资源　　D. 服务器索引数据库

137. 下列选项，属于因特网中实时交流信息的方式有(　　)
①网络视频会议　　②QQ 视频对话　　③电子邮件　　④网络调查
A. ①②　　B. ②③　　C. ③④　　D. ①③

138. 在使用IE浏览器浏览网页的过程中，如果单击浏览器工具栏上的“最小化”按钮，将该窗口缩小至任务栏上，这时网页的下载过程将(　　)
A. 中断　　B. 继续

C. 暂停　　　　　　　　　　　　　　D. 速度明显减慢

139. 在因特网的下列应用中，对带宽要求最高的是(　　)

A. 语音聊天　　　　　　　　　　　　B. 网上购物

C. 视频点播　　　　　　　　　　　　D. 收发不带附件的邮件

140. 断开网络连接以后，我们也可以再次浏览以前访问过的网页，这是因为(　　)

A. 网页放在了历史记录里

B. 网页放在了收藏夹里

C. 网页放在了 Internet 临时文件里

D. 网页还在内存里

第 4 章　文字处理软件（Word 2010）应用

1. 以下哪个是 Word 2010 文档（　　）

　A. 校园风采 . pptx　　B. 校园风采 . jpeg

　C. 校园风采 . docx　　D. 校园风采 . pdf

2. 在 Word 2010 的编辑状态中，“粘贴”操作的组合键是（　　）

　A. Ctrl+Z　　B. Ctrl+C　　C. Ctrl+V　　D. Ctrl+X

3. 打开一个 Word2010 文档通常是指（　　）

　A. 为指定文件开设一个空的文档窗口

　B. 把文档的内容从内存中读入，并显示出来

　C. 显示并打印出指定文档的内容

　D. 把文档的内容从磁盘调入内存，并显示出来

4. 设置 Word 文档段落格式，不包括（　　）

　A. 对齐方式　　B. 行距　　C. 缩进　　D. 字体颜色

5. 在 Word 中，右对齐的工具按钮是（　　）

　A. 　　B. 　　C. 　　D. 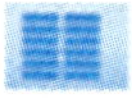

6. 下列不属于 Word 2010 加工处理的主要对象的是（　　）

　A. 艺术字　　B. 表格　　C. 自选图形　　D. 视频

7. Word 文档中的段落以（　　）为标志

　A. 句号　　B. 问号　　C. 回车符　　D. 空

8. 在 Word 中以下工具按钮表示插入艺术字的是（　　）

　A. 　　B. 　　C. 　　D. 

9. Word 2010 中，插入页眉页码是在（　　）菜单中

　A. 插入　　B. 页面布局　　C. 开始　　D. 视图

10. 在 Word 中若要设置纸张大小，可以在哪个对话框中进行（　　）

　A. 页眉/页脚　　B. 页面设置　　C. 段落　　D. 字体

11. 给选中的字符设置加粗效果的快捷键是（　　）

　A. Ctrl+I　　B. Ctrl+B　　C. Ctrl+E　　D. Ctrl+U

12. 在 Word 中误删了一段文字想找回来，可以使用以下哪个按钮（　　）

A. 　B. 　C. 　D. 

13. 在 Word 编辑状态，若要选择全文，可以使用快捷键(　　)

A. Ctrl+A　B. Ctrl+N　C. Ctrl+P　D. Ctrl+S

14. 在 Word 2010 的编辑状态中，使插入点快速移动到文档末尾的操作是按键盘上的(　　)键

A. Shift+Home　B. Alt+End

C. Ctrl+End　D. PgDn

15. 在 Word 的编辑状态，打开了“wl. docx”文档，把当前文档以“w2. docx”为名进行“另存为”操作，则(　　)

A. 当前文档是 wl. docx

B. 当前文档是 w2. docx

C. 当前文档是 wl. docx 与 w2. docx

D. wl. doc 与 w2. docx 全被关闭

16. 下列素材，适合加工成文本信息的是(　　)

A. 英语考试的听力材料　B. 期末考试的成绩统计

C. 春晚节目剪辑　D. 主题班会发言稿

17. 要将 Word2010 文档中一部分选定的文字移动到指定的位置上去，对它进行的第一步操作是(　　)

A. 单击“开始”选项卡下“剪贴板”组中的“复制”命令

B. 单击“开始”选项卡下“剪贴板”组中的“剪切”命令

C. 单击“开始”选项卡下“剪贴板”组中的“清除”命令

D. 单击“开始”选项卡下“剪贴板”组中的“粘贴”命令

18. 当“开始”选项卡“剪贴板”组中的“剪切”和“复制”命令呈灰色而不能用，表示(　　)

A. 选定的文档内容太长，剪贴板放不下

B. 剪贴板里已经有信息了

C. 在文档中没有选定任何信息

D. 选定的内容是页眉或页脚

19. 在 Word 的编辑状态中，被编辑文档中的文字字号有“四号”、“五号”、“16”磅、“18”磅四种，下列关于所设定字号大小的比较中，正确的是(　　)

A. “四号”大于“五号”

B. “四号”小于“五号”

C. “16”磅大于“18”磅

D. 字的大小一样，字体不同

20. 在 Word 中要删除光标后面的一个字符，可以按键盘上的(　　)键

A. Backspace　B. Shift　C. Delete　D. Capslock

21. 在 Word2010 中，要选定整个文本，可以用鼠标左键(　　)文本左边空白区

A. 单击　B. 指向　C. 双击　D. 三击

22. 在 Word 2010 的编辑状态，当前正编辑一个新文档“文档 1”，当执行“文件”菜单中的“保存”后(　　)
A. 该“文档 1”被存盘在桌面
B. 弹出“另存为”对话框，供进一步操作
C. 自动以“文档 1”为名存盘
D. “文档 1”将替换之前的文件
23. 在 Word 文档窗口中，要查看总页数、页号、字数等信息，可以通过(　　)
A. 标题栏　　B. 工具栏　　C. 状态栏　　D. 滚动条
24. 小林在编辑 Word 文档时把几百处的“工程”都输成“功程”，下列挽救的方法中最可行的是(　　)
A. 逐个修改　　B. 使用格式刷复制
C. 使用查找与替换　　D. 全文删除重输
25. 打开一个已有的文档进行编辑修改后，执行文件菜单下的(　　)命令，既可以保留编辑修改前的文档，又可以得到修改后的文档
A. 保存　　B. 打开　　C. 另存为　　D. 关闭
26. 在 Word 中连续进行 5 次的“复制”操作后，剪贴板中(　　)
A. 保存有多次复制的内容
B. 只保存第一次复制的内容
C. 仅保存最后一次复制的内容
D. 没有保存任何内容
27. 在 Word2010 编辑状态下，改变文档的字号，下列叙述正确的是(　　)
A. 整个文档字号发生变化
B. 光标之后的文档字号发生变化
C. 文档选中的部分字号发生变化
D. 光标之前的文档字号发生变化
28. 在 Word 的编辑状态下，选择了文档全文，若在“段落”对话框中设置行距为 20 磅的格式，应当选择“行距”列表框中的(　　)
A. 单倍行距　　B. 1.5 倍行距　　C. 固定值　　D. 多倍行距
29. 当一个 Word 文档窗口被关闭，该文档将(　　)
A. 保存在内存中　　B. 保存在外存中
C. 保存在剪贴板中　　D. 保存在主存和外存中
30. 在 Word 中插入一幅图片，若要将图片设置为背景，其环绕方式必须设置为(　　)
A. 上下型　　B. 衬于文字下方
C. 四周型　　D. 浮于文字上方

第 5 章　电子表格处理软件（Excel 2010）应用

1. 在 Excel 中若要设置页边距可以在(　　)对话框中进行

   A. 条件格式　　B. 设置单元格格式

   C. 分类汇总　　D. 页面设置

2. 若在 Excel 某单元格中输入“= 7+3”，则显示结果是(　　)

   A. 7+3　　B. =7+3　　C. 10　　D. =10

3. 以下属于 Excel 工作簿文件默认的图标的是(　　)

   A. 　　B. 　　C. 　　D. 

4. 在单元格输入下列哪个值，该单元格显示 0.3 (　　)

   A. 6/20　　B. =6/20　　C. “6/20”　　D. = “6/20”

5. 在 Excel 中有关单元格的说法中不正确的是(　　)

   A. 单元格用地址表示其在工作表中的位置

   B. 当前单元格的地址会显示在名称框中

   C. 单元格的高度和宽度不能随意改变

   D. 活动单元格指当前正在编辑的单元格

6. 在 Excel 中，已知 F1 单元格为公式“=A3+B4”，当 B 列被删除时，F1 单元格中的公式调整为(　　)

   A. A3+C4　　B. A3+B4　　C. A3+A4　　D. #REF!

7. 有关表格排序的说法正确是(　　)

   A. 只有数字类型可以作为排序的依据

   B. 只有日期类型可以作为排序的依据

   C. 笔画和拼音不能作为排序的依据

   D. 排序规则有升序和降序

8. 在 Excel 工作表中 D 列数据是利用 C 列相应单元格数据通过公式计算得到的，若删除 C 列，那么删除 C 列对 D 列(　　)

   A. 不产生影响

   B. 产生影响，但 C 列中的数据正确无误

   C. 产生影响，C 列中数据部分能用

   D. 产生影响，C 列中的数据失去意义

9. 以下哪项不属于 Excel 软件的功能(　　)
A. 数据统计　　B. 制作图表　　C. 数据处理　　D. 编辑文稿

10. 在 Excel 某单元格中输入电话区位号字符串“0595”，应该输入(　　)
A. 0595　　B. ’0595　　C. ”0595　　D. =0595

11. 以下哪项属于 Excel 工作簿文件(　　)
A. 工资 . docx　　B. 工资 . xlsx
C. 工资 . pdf　　D. 工资 . pptx

12. 在 Excel 2010 中，进行分类汇总之前，必须进行的操作是(　　)
A. 筛选　　B. 排序　　C. 格式化　　D. 查询

13. Excel 窗口编辑栏上的 ✓ 图标表示(　　)
A. 编辑公式　　B. 取消操作　　C. 检查公式　　D. 输入公式

14. 在 Excel 中，第 2 行第 3 列的单元格地址表示为(　　)
A. 23　　B. 32　　C. C2　　D. 2C

15. 使用地址 $0$1 引用单元格地址，这种引用称为(　　)
A. 绝对引用　　B. 相对引用　　C. 混合引用　　D. 交叉引用

16. Excel 中求单元格 A1：B4，共 8 格的平均值的函数是(　　)
A. =SUM（A1：B4）　　B. =AVERAGE（A1：B4）
C. =COUNT（A1：B4）　　D. =MAX（Al：B4）

17. 在 Excel 中用图表表示某一只股票近 10 年的股价变动情况，最适合的图形类型是(　　)
A. 条形图　　B. 柱形图　　C. 折线图　　D. 饼形图

18. Excel 中的公式以(　　)开头
A. #　　B. =　　C. $　　D. &

19. Excel 中填充柄的功能有(　　)
A. 复制内容　　B. 复制公式
C. 填充数据系列　　D. 以上全部都是

20. 在 Excel 中，字符数据的默认的对齐方式是(　　)
A. 左对齐　　B. 右对齐　　C. 居中对齐　　D. 两端对齐

21. 在 Excel 中有一个数据区域 Al：C3，总共包含的单元格数目是(　　)
A. 3　　B. 6　　C. 9　　D. 12

22. 在 Excel 中函数 MIN（10，7，12，0）的返回值是(　　)
A. 10　　B. 7　　C. 12　　D. 0

23. 在 Excel 工作簿中，有关移动和复制工作表的说法，正确的是(　　)
A. 工作表只能在所在工作簿内移动，不能复制
B. 工作表只能在所在工作簿内复制，不能移动
C. 工作表可以移动到其他工作簿内，不能复制到其他工作簿内
D. 工作表可以移动到其他工作簿内，也可以复制到其他工作簿内

24. 如图所示，B 列的数据类型是(　　)
A. 文本型　　B. 数值型　　C. 货币型　　D. 百分比型

D3　　f_x　=B3*C3

	A	B	C	D
1	各种蔬菜销售统计表			
2	菜名	单价	数量	总价
3	青菜	￥2.00	100	200
4	白菜	￥1.50	100	150
5	大蒜	￥3.00	200	600
6	芹菜	￥2.50	300	750

25. 有关 Excel 基础知识的说法中不正确的是(　　)
    A. Excel 作表中的每一格称为单元格
    B. 新建一个工作簿，默认包含三张工作表
    C. 一个工作簿最多只能包含三张工作表
    D. Excel 允许用户同时打开多个工作簿文档
26. 在学生成绩数据表中有“姓名，语文，数学，英语，总分”字段，若要按总分降序，总分相同再按语文降序排序，那么在排序对话框中，主关键必须选择(　　)
    A. 姓名　　B. 语文　　C. 数学　　D. 总分
27. Excel 中 E5 单元格原有的内容是 8.88，执行一次  按钮以后，该单元格的内容是(　　)
    A. 8.88　　B. 8.880　　C. 8.8　　D. 8.9
28. 下列关于图表功能的叙述中，不正确的是(　　)
    A. 折线图用于表示数据随着时间变化的趋势
    B. 柱形图用于比较数据间的数量多少或大小关系
    C. 条形图表示个体在主体内所占数量大小
    D. 饼形图擅长表示个体在总体中所占比例
29. 如下题所示，算出 D3 的值，要计算 D4～D6 单元格，最方便的方法是(　　)

D3　　f_x　=B3*C3

	A	B	C	D
1	各种蔬菜销售统计表			
2	菜名	单价	数量	总价
3	青菜	￥2.00	100	200
4	白菜	￥1.50	100	150
5	大蒜	￥3.00	200	600
6	芹菜	￥2.50	300	750

    A. 分别一个个计算　　B. 用填充柄复制公式
    C. 设成自动计算　　D. 粘贴函数计算
30. 在 Excel 中插入图表最主要的作用是(　　)
    A. 更直观地表示数据　　B. 更精确地表示数据

C. 美化修饰工作表　　D. 区分不同的数据

31. 某校问卷调查显示，学生中拥有手机的人数占全校学生总数的 95%，如果用 Excel 图表来展示这一结果，最适合的图表类型是(　　)

A. 面积图　　B. 柱形图　　C. 饼图　　D. 折线图

32. Excel 中若要选定不连续的多行或多列可以使用的按键是(　　)

A. Ctrl　　B. Tab　　C. Alt　　D. Shift

33. 在 Excel 单元格中输入的数据变成“＃＃＃＃”，产生这种现象的原因是(　　)

A. 行高不够　　B. 列宽不够

C. 被病毒破坏　　D. 引用地址不正确

34. 在 Excel 中，若在 A4 单元格内输入 20/10，其显示结果是(　　)

A. 2　　B. 20/10　　C. 20　　D. 10 月 20 日

35. 如果所示，D3 单元格总价的计算方法是(　　)

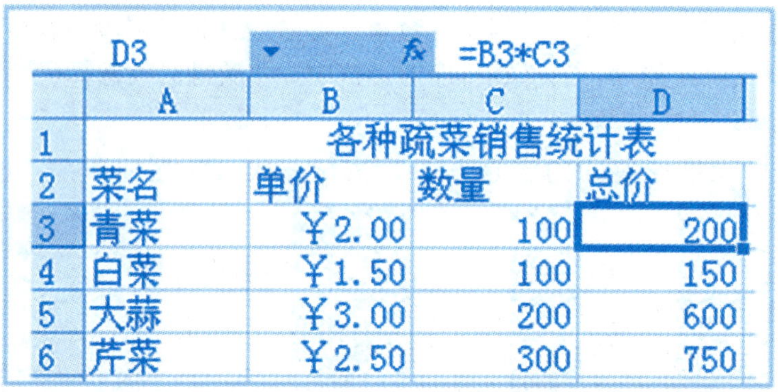

D3　=B3*C3

	A	B	C	D
1	各种疏菜销售统计表			
2	菜名	单价	数量	总价
3	青菜	￥2.00	100	200
4	白菜	￥1.50	100	150
5	大蒜	￥3.00	200	600
6	芹菜	￥2.50	300	750

A. 函数法　　B. 公式法

C. 口算　　D. 自动求和

36. 在 Excel 中如果要统计 B1，B2，…B6 单元格的最大值可以使用以下哪项(　　)

A. ＝Min（B1，B6）　　B. ＝Count（B1，B6）

C. ＝Max（B1：B6）　　D. ＝Max（B1，B6）

37. 在 Excel 中产生图表的数据源发生变化时，图表将(　　)

A. 不受影响　　B. 自动删除

C. 发生变化，但与数据无关　　D. 发生相应的变化

38. Excel 工具栏上的按钮 Σ 表示(　　)

A. 输入公式　　B. 输入函数　　C. 高级筛选　　D. 自动求和

39. 在 Excel 中，若单元格 C1 中公式为“＝A1＋B2”，将其复制到 E5 单元格，则 E5 中的公式是(　　)

A. ＝C3＋A4　　B. ＝C5＋D6　　C. ＝C3＋D4　　D. ＝A3＋B4

40. Excel 2010 中，若在工作表中插入一列，则一般默认插在当前列的(　　)

A. 左侧　　B. 上方　　C. 右侧　　D. 下方

第 6 章　多媒体软件的应用

1. 下列不能用于多媒体作品集成的软件是(　　)
   A. PowerPoint　　B. Flash　　C. Dreamweaver　　D. ACDSee
2. 截屏指的是从计算机屏幕上(　　)
   A. 抓取静态图像的过程　　B. 抓取动态操作的过程
   C. 播放视频的过程　　D. 播放音频的过程
3. 下列途径中，不可能获取到数字图像素材的是(　　)
   A. 从网络上下载　　B. 使用数码相机拍摄
   C. 在视频中截取　　D. 手动绘制
4. 多媒体的主要特征不包括(　　)
   A. 集成性　　B. 交互性　　C. 多样性　　D. 共享性
5. 下列文件中，图像处理软件无法编辑的是(　　)
   A. 美丽心情 . jpg　　B. 美丽心情 . bmp
   C. 美丽心情 . png　　D. 美丽心情 . mpg
6. 下列不能采集到音频信息的设备是(　　)
   A. 笔记本电脑　　B. 录音笔
   C. 智能手机　　D. 音箱
7. 使用图像处理软件绘制一幅宣传海报并保存为一个文件，该文件不可能是(　　)
   A. 宣传海报 . jpg　　B. 宣传海报 . bmp
   C. 宣传海报 . png　　D. 宣传海报 . mp3
8. 对照片进行美化和加工是哪个软件的主要功能？(　　)
   A. word　　B. 美图秀秀　　C. Goldwave　　D. Flash
9. 使用计算机录制声音时，采用下列哪种参数设置，录制的声音质量最高？(　　)
   A. 分辨率和采样频率都设为最低
   B. 分辨率和采样频率都设为最高
   C. 分辨率设为最低、采样频率设为最高
   D. 分辨率设为最高、采样频率设为最低
10. 游戏中的人物可以根据我们的操作指令进行跑步、跳跃、打坐、攻击等动作，这显示了多媒体技术的(　　)
    A. 多样性　　B. 非线性　　C. 集成性　　D. 交互性

11. 小丽想使用图像处理软件美化自己的照片，下列无法实现的功能是(　　)
A. 拉长双腿　　B. 美白皮肤　　C. 眼睛变大　　D. 添加音乐
12. 显示器的分辨率决定了显示器的(　　)
A. 色彩丰富程度　　B. 亮度和对比度
C. 尺寸　　D. 清晰度
13. 小明想把家中纸质的老照片都输入到计算机中保存，他需要选择的设备是(　　)
A. 手写板　　B. 打印机　　C. 扫描仪　　D. 投影仪
14. Windows Media Player 不能播放的文件是(　　)
A. 甩葱舞 . jpg　　B. 甩葱舞 . mp4
C. 甩葱舞 . wmv　　D. 甩葱舞 . mp3
15. 下列文件中，属于声音文件的是(　　)
A. 七里香 . psd　　B. 七里香 . mpg
C. 七里香 . wmv　　D. 七里香 . mp3
16. 使用图像处理软件可以实现的功能是(　　)
A. 添加片头动画　　B. 增大音量
C. 瘦脸瘦身　　D. 添加背景音乐
17. 刘老师利用计算机制作了一个包含文本、图片、动画、声音和视频的课件，这是利用了(　　)
A. 网络技术　　B. 数据管理技术
C. 人工智能技术　　D. 多媒体技术
18. 下列设备中，不属于多媒体输出的设备是(　　)
A. 音响　　B. 摄像头
C. 投影仪　　D. 彩色打印机
19. 小明想在计算机中对老照片进行美化处理，不适合的软件是(　　)
A. 美图秀秀　　B. Goldwave
C. Photoshop　　D. ACDSee
20. 下列选项中，都属于多媒体元素的是(　　)
A. U 盘、音频　　B. 图像、颜色
C. 光盘、动画　　D. 音频、视频
21. 下列设备中，属于多媒体输入设备的是(　　)
A. 显示器　　B. 打印机　　C. 鼠标　　D. 麦克风
22. 多媒体应用中，不属于影视制作领域的是(　　)
A. 封面广告设计　　B. 城市宣传片制作
C. 公益广告制作　　D. MV 制作
23. 录屏指的是从计算机屏幕上(　　)
A. 抓取静态图像的过程
B. 抓取动态操作的过程
C. 播放视频的过程
D. 播放音频的过程

24. 下列文件中，属于视频文件的是(　　)
A. 森林 . mp4　　B. 森林 . jpg　　C. 森林 . pdf　　D. 森林 . wma

25. 下列文件中，属于视频文件的是(　　)
A. video. mp4　　B. video. jpg
C. video. wav　　D. video. mp3

26. 图像画面的明暗程度取决于(　　)
A. 图像的亮度　　B. 图像的对比度
C. 图像的饱和度　　D. 图像的明度

27. 下列软件中，可以转换视频文件格式的是(　　)
A. Photoshop　　B. 格式工厂　　C. GoldWave　　D. ACDsee

28. 下列不属于多媒体设备的是(　　)
A. 平板电脑　　B. 智能手机　　C. 固定电话机　　D. 智能电视

29. 下列设备中，全部可以采集到音频信息的一组设备是(　　)
A. 扫描仪、平板电脑　　B. 录音笔、智能手机
C. 投影仪、智能手机　　D. 音箱、麦克风

30. 下列软件中，都可以对图像进行编辑的一组是(　　)
A. Word、Excel、Photoshop
B. 美图秀秀、记事本、Flash
C. ACDSee、美图秀秀、Photoshop
D. QQ、微信、微博

31. 可以将书刊上的图片输入到计算机中的设备是(　　)
A. 绘图仪　　B. 扫描仪　　C. 打印机　　D. 投影仪

32. 下列软件中，最适合用来进行音频编辑的是(　　)
A. Photoshop　　B. Goldwave
C. ACDSee　　D. Windows Media Player

33. 将计算机屏幕上显示的操作过程保存为一个视频文件，这称为(　　)
A. 截图　　B. 录屏　　C. 扫描　　D. 摄像

34. 下列软件中，可以对图像进行处理的有(　　)
①美图秀秀　② Photoshop　③ ACDSee　④Goldwave
A. ②③④　　B. ①③④　　C. ①②③　　D. ①②④

35. 下列软件中，不能对图像进行加工处理的是(　　)
A. 美图秀秀　　B. Photoshop
C. ACDSee　　D. Internet Explorer

36. 视频编辑软件没有的功能是(　　)
A. 给视频添加特效
B. 给视频添加字幕
C. 给视频更换背景音乐
D. 改变视频中人物的动作

37. 下列文件中，属于图像文件的是(　　)

A. image. jpg B. image. wmv
C. image. swf D. image. mp4

38. 在计算机上使用软件对图像中的人物进行锐化处理是为了(　　)
A. 去掉红眼
B. 使人物的轮廓更清晰
C. 使头发更有光泽
D. 使皮肤更白更细腻

39. 多媒体应用中，不属于平面设计领域的是(　　)
A. 网页广告设计 B. 数码照片处理
C. 名片设计 D. 影视制作

40. 利用计算机软件对自己的照片进行美化，这属于计算机应用中的(　　)
A. 人工智能 B. 辅助设计
C. 图像美化 D. 图像处理

41. 在国家顶级域名中，中国地区用(　　)
A. CN 来表示 B. US 来表示
C. JP 来表示 D. CH 来表示

42. 下列选项中，属于多媒体输入设备的是(　　)
A. 显示器 B. 打印机 C. 摄像头 D. 音箱

43. 下列软件中，可以播放音乐的是(　　)
A. Photoshop B. 美图秀秀
C. ACDSee D. Windows Media Player

44. 下列文件中，不属于视频文件的是(　　)
A. 测试 . mp4 B. 测试 . wmv C. 测试 . avi D. 测试 . wav

45. 扫描仪的作用是(　　)
A. 将实物图片转换成数字图片输入到计算机中
B. 将计算机中的数字图片输出成实物图片
C. 用手写的方式输入文字到计算机中
D. 拍摄数字照片和数字视频

46. 将文件“美丽生活 . avi”转换成“美丽生活 . mp4”，合适的软件是(　　)
A. 美图秀秀 B. 格式工厂 C. Goldwave D. ACDSEE

47. 多媒体元素除了文本、图形、图像、动画，还包括(　　)
A. 光盘和 U 盘 B. 色彩和形状
C. 声音和视频 D. 歌曲和电影

48. 下列属于多媒体播放软件的是(　　)
A. 暴风影音 B. Flash C. 美图秀秀 D. Goldwave

49. 下列用于图片编辑的工具软件是(　　)
A. ACDSee B. QQ C. Word D. Excel

50. QQ 影音播放器不能播放(　　)
A. play. jpg B. play. mp3

C. play. avi　　D. play. wma

51. 下列可用于多媒体作品集成的软件是(　　)
A. 暴风影音　　B. PowerPoint
C. Windows Media Player　　D. Flashget

52. 数码相机里的照片可以利用计算机软件进行处理，计算机的这种应用属于(　　)
A. 图像处理　　B. 嵌入式系统　　C. 辅助设计　　D. 实时控制

53. 下列不属于音频文件类型的是(　　)
A. wma　　B. wav　　C. avi　　D. mp3

54. 下列软件下载安装后，不能播放音乐的是(　　)
A. Windows Media Player　　B. QQ 影音
C. 酷狗音乐　　D. ACDSee

55. 以下可以用来采集数字图像信息的设备有(　　)
①数码照相机　②扫描仪　③数码摄像机　④刻录机
A. ①②③　　B. ①②④　　C. ②③④　　D. ①③④

56. 以下哪个软件可以播放一段视频(　　)
A. 迅雷　　B. Windows Media Player
C. QQ　　D. ACDSee

57. 下列举例中应用了多媒体技术的有(　　)
①教学视频　②有线电视　③手机彩信　④编辑源程序
A. ①②④　　B. ①③④　　C. ②③④　　D. ①②③

58. 在多媒体课件中根据用户答题情况给予正确或错误的回复，突出显示了多媒体技术的(　　)
A. 非线性　　B. 集成性　　C. 交互性　　D. 多样性

59. 计算机对文字、图形、图像、声音、动画、动态影像等综合处理，这是利用计算机的(　　)
A. 网络技术　　B. 数据管理技术
C. 多媒体技术　　D. 人工智能技术

60. 下列全属于多媒体信息范畴的是(　　)
A. 书籍、试卷　　B. 文字、图像
C. 报纸、课本　　D. 电脑、显示器

61. 多媒体应用中，属于平面设计领域的是(　　)
A. 播放电影　　B. 设计动漫
C. 招生海报设计　　D. 编辑网站

62. 多媒体中的“媒体”是指(　　)
A. 各种信息的编码
B. 表示和传播信息的载体
C. 计算机屏幕显示的信息
D. 输入和输出设备

63. 多媒体应用中，属于影视制作领域的是(　　)

A. MV 制作　　B. 剪辑音乐
C. 数码照片处理　　D. 平面广告设计

64. 下列软件中，能将 wav 格式文件转换为 mp3 格式文件的是(　　)
①Cool Edit　②Audition　③Flash　④Basic 语言
A. ①②　B. ③④　C. ①③　D. ②④

65. 有关音频的说法中不正确的是(　　)。
A. wav 属于波形声音，质量比较高
B. mp3 属于声音压缩标准，容量比较小
C. midi 属于电子合成声音
D. 各种声音文件格式，其声音质量都一样

66. 下列属于视频采集工具的是(　　)
A. 液晶电视　　B. 投影机
C. 3D 打印机　　D. 数码摄像机

67. 下列可以将“美丽山村 . wav”转换成“美丽山村 . mp3”的软件是(　　)
A. WinRAR　B. Premiere　C. 格式工厂　D. Word

68. 下列选项中，全属于图像文件格式的是(　　)
A. . midi、. mp3　　B. . jpg、. bmp
C. . mp3、. swf　　D. . avi、. gif

69. 多媒体计算机系统的组成是(　　)
A. 各种多媒体文件
B. 声卡、光驱、音箱
C. 图像、音频和视频处理软件
D. 多媒体硬件系统和多媒体软件系统

70. 下列既能播放音频文件也能播放视频文件的软件是(　　)
A. Windows Media Player　　B. ACDSee
C. 千千静听　　D. 录音机

71. 下列关于多媒体技术的描述中，正确的是(　　)。
A. 多媒体技术只能处理声音和文字
B. 多媒体技术不能处理动画
C. 多媒体技术就是制作视频的技术
D. 多媒体技术指计算机综合处理声音、文本、图像等信息的技术

72. 小丽想制作个人网站，收集了一些素材：pic. gif、pic. wav、pic. bmp、pic. mpg、pic. jpg、pic. png，其中不属于图片的素材有(　　)
A. pic. gif、pic. png　　B. pic. png、pic. jpg
C. pic. bmp、pic. jpg　　D. pic. wav、pic. mpg

73. 对于各种多媒体信息(　　)
A. 计算机能直接识别图像信息
B. 不需要转换成二进制数，计算机能直接识别
C. 必须转换成二进代码机器才能识别

D. 动画、音频、视频计算机都能直接处理

74. 音频信息的编辑包括(　　)

①降低噪声　②音频合成　③语音识别　④剪辑声音

A. ②③④　B. ①②④　C. ①③④　D. ①②③

75. 要从一段视频中剪取一部分，以下不可以使用的软件是(　　)

A. QQ 影音　B. 暴风影音　C. 格式工厂　D. 千千静听

76. 美图秀秀无法保存的文件格式是(　　)

A. jpg　B. tif　C. png　D. mpg

77. 以下属于多媒体信息集成软件的是(　　)

A. 记事本　B. Outlook 2010　C. QQ 影音　D. Premiere

78. 用 4 位二进制数能表示的颜色种数是(　　)

A. 4　B. 2　C. 8　D. 16

79. 欲将一张曝光过度的照片，降低曝光度，可以使用以下哪组软件(　　)

A. 美图秀秀、ACDSee　B. 画图、会声会影

C. Photoshop、Cool Edit　D. PowerPoint、Premiere

80. 下列选项中，不属于虚拟现实技术应用的是(　　)

A. 军事模拟作战系统　B. 人机对弈

C. 飞行员仿真培训系统　D. VR 头盔

81. 现在很多图像色彩模式都是采用 RGB，RGB 模式包含的三种基本颜色是(　　)

A. 白色、黑色、红色

B. 红色、绿色、蓝色

C. 橘色、蓝色、紫色

D. 棕色、黄色、白色

82. 利用格式工厂不能完成的操作是(　　)

A. 把 WAV 格式文件转变为 MP3 格式

B. 把 AVI 格式文件转变为 MP4 格式

C. 把 BMP 格式文件转变为 JPG 格式

D. 把 DOCX 文件转变为 TXT 格式

83. 以下不属于多媒体技术应用的是(　　)

A. 玩 3D 游戏　B. 视频在线点播

C. 制作 Flash　D. 拨打电话

84. 与位图相比，矢量图的优点是(　　)

A. 图像存储空间大

B. 色彩丰富

C. 图像的质量高

D. 变形、缩放不影响图像的显示质量

85. 要剪辑一段音频不可以使用(　　)

A. Audition　B. Cool Edit

C. ACDSee　D. Wave edit

86. 将一个大小为 200GB 的视频文件，采用压缩比率为 100 ∶ 1 的标准压缩后，其容量为(　　)

A. 20 000GB　　B. 100GB

C. 2GB　　D. 1GB

87. 下列关于声音文件的叙述中，不正确的是(　　)

A. WAV 格式的声音文件记录的是声音的波形

B. MIDI 格式的声音文件是电子合成的声音

C. WAV 格式的声音文件音质较好

D. MP3 格式的声音文件所需的存储容量较大

88. 组成图像的最小单位是(　　)

A. 图元　　B. 指令

C. 基本点　　D. 像素

89. 设计公司的 LOGO 图标属于多媒体应用中的(　　)

A. 文字处理　　B. 平面设计

C. 动画制作　　D. 影视设计

90. 将一幅图像放大 5 倍后变模糊，说明它属于(　　)

A. 3D 图　　B. 矢量图　　C. 平面图　　D. 位图

第7章　演示文稿软件（PowerPoint 2010）应用

1. 要使同一个演示文稿中每张幻灯片出现一些相同的内容，比如，LOGO图标、日期/时间等，可以通过设计(　　)
   A. 版式　　B. 格式　　C. 主题　　D. 母版
2. 如果希望将幻灯片由横排变为竖排，需要更换(　　)
   A. 版式　　B. 设计模板
   C. 背景　　D. 幻灯片切换
3. 下列不是PowerPoint 2010视图方式的是(　　)
   A. 普通视图　　B. 幻灯片视图
   C. 备注页视图　　D. 阅读视图
4. PowerPoint 2010是(　　)
   A. 数据库管理系统　　B. 电子表格软件
   C. 视频编辑软件　　D. 幻灯片制作软件
5. 在PowerPoint 2010中，欲插入图片、音频等，应当使用的视图方式是(　　)
   A. 普通视图　　B. 大纲视图
   C. 幻灯片浏览视图　　D. 放映视图
6. 演示文稿中的每个页面称为(　　)，它是演示文稿的核心
   A. 母版　　B. 模板　　C. 版式　　D. 幻灯片
7. PowerPoint 2010演示文稿和模板的扩展名分别是(　　)
   A. docx和dat　　B. ppsx和ptrx
   C. pptx和potx　　D. potx和pptx
8. 有关PowerPoint 2010演示文稿外观的设计，说法错误的是(　　)
   A. 一篇演示文稿中只允许使用一种母版格式
   B. 幻灯片应用设计模板一旦选定，就不可以改变
   C. 一篇演示文稿中不同幻灯片的配色方案可以不同
   D. 幻灯片的大小（尺寸）能够调整
9. 在PowerPoint 2010中，要使幻灯片在放映时能够自动播放，需要为其设置(　　)
   A. 排练计时　　B. 录制旁白　　C. 自定义动画　　D. 超链接
10. 要从当前幻灯片开始放映，可以按键盘上的(　　)键
    A. Enter　　B. Pageup　　C. F5　　D. Home

11. 在演示文稿放映时要实现幻灯片之间的跳转，下列操作可以实现的是（　　）
    A. 插入图表　　B. 自定义动画
    C. 添加动作按钮　　D. 设置放映方式
12. 要在幻灯片播放时访问“新浪”主页，应该为其设置（　　）
    A. 动画　　B. 母版　　C. 切换方式　　D. 超链接
13. PowerPoint 2010 的各种视图中，显示单个幻灯片以进行文本编辑的视图是（　　）
    A. 幻灯片视图　　B. 幻灯片浏览视图
    C. 幻灯片放映视图　　D. 大纲视图
14. 在 PowerPoint 2010 文稿中，若要插入一个剪贴画，必须选择（　　）选项卡
    A. 设计　　B. 插入　　C. 切换　　D. 视图
15. 在 PowerPoint 2010 中，要使所有幻灯片的字体、颜色、风格得到统一，应该设置（　　）
    A. 版式　　B. 模板　　C. 占位符　　D. 文字框
16. 以下关于设计模板的说法，错误的是（　　）
    A. 一个演示文稿只能使用一种设计模板
    B. 可以将新创建的任何演示文稿保存为设计模板
    C. 选择了设计模板就相当于使用了新的母版
    D. 设计模板是改变演示文稿整体外观的一种设计方案
17. 在幻灯片播放时，如果要强制结束放映，可以按下键盘上的（　　）键
    A. ESC　　B. Enter　　C. Space　　D. Ctrl
18. 在 PowerPoint 2010 文稿中，在插入超链接时所链接的目标不能是（　　）
    A. 其他应用程序的文档
    B. 同一个演示文稿的某一张幻灯片
    C. 幻灯片中的某个对象
    D. 另一个演示文稿
19. 在 PowerPoint 2010 中（　　）视图方式，最适合移动、复制幻灯片
    A. 放映　　B. 幻灯片浏览　　C. 阅读　　D. 大纲
20. 演示文稿放映时要实现两张幻灯片之间出现过渡效果，可以通过设置（　　）来实现
    A. 放映方式　　B. 切换方式　　C. 版式　　D. 动作按钮

第 8 章　Windows 7 基本操作题

【第 1 题】

打开“D:\5004”文件夹，进行以下操作。

(1) 创建名为“TEST”和“DATA”的文件夹；

(2) 将“WORK”文件夹复制到“BACK”文件夹中；

(3) 删除“XSD”文件夹中的“sers. xsd”文件；

(4) 为“KSCJ”文件夹建立桌面快捷方式；

(5) 将文件“eapt. xsd”更名为“ksfw. xsd”；

(6) 将文件“stuse. pdf”和“ysvg. pdf”移动到“PDF”文件夹中；

(7) 将文件“app. docx”和“kws. xlsx”压缩名为“BACKUPS. RAR”的文件，并存放在当前文件夹中。

【第 2 题】

打开“D:\5005”文件夹，进行以下操作。

(1) 创建“MEANS”和“DATUM”两个文件夹；

(2) 将“DOCX”文件夹下的所有文件复制到“MEANS”文件夹下；

(3) 删除“HOST”文件夹下的“nproper. ocx”文件；

(4) 将“HAPPY”文件夹下的所有文件移动到“DATUM”文件夹下；

(5) 将文件“zzkw. wtf”设置为只读属性；

(6) 将文件“eap. xsd”改名“gzst. xsd”；

(7) 将压缩文件“KW. RAR”解压到“KW”文件夹中。

【第 3 题】

打开“D:\5006”文件夹，进行以下操作。

(1) 创建名为“COLOUR”和“GRAY”的两个文件夹；

(2) 将“ATD”文件夹下的“CN”文件夹复制到“EXP”文件夹中；

(3) 删除“MDD”文件夹中的“ksder. xsd”文件；

(4) 将“TTP”文件夹中“stuse. pdf”文件设置成只读属性；

(5) 将文件“tscon. htm”更名为“ys. htm”；

(6) 将文件“swfs. xps”和“shell. png”移动到“STUER”文件夹下；

(7) 将文件“pkueg. ocx”和“lsa. rtf”压缩名为“DATA. RAR”的文件，并存放在当前文件夹中。

【第 4 题】

打开“D:\5007”文件夹，进行以下操作。

（1）创建名为“足球”和“篮球”的文件夹；

（2）将“CBA”文件夹中的“TEAM”文件夹复制到“NBA”文件夹中；

（3）删除“VIDEO”文件夹中的“match. xsd”文件；

（4）将“champion. pdf”文件设置成只读属性；

（5）将文件“archives. xsd”更名为“test. xsd”；

（6）将文件“kobe. png”和“james. jpg”移动到“PICTURE”文件夹下；

（7）将“HONOR”文件夹压缩名为“荣誉 . RAR”的文件，并存放在当前文件夹中。

【第 5 题】

打开“D:\5008”文件夹，进行以下操作。

（1）创建名为“SPACE”和“WORKS”两个文件夹；

（2）将文件“xplog. txt”更名为“eap. txt”；

（3）删除“SERVER”文件夹；

（4）将“unins. isu”文件设置成只读属性；

（5）将“LOG”文件夹复制到“JOBS”文件夹中；

（6）将文件“semnt. docx”和“readme. txt”移动到“GRAME”文件夹下；

（7）将“COMPACT”文件夹压缩名为“BACKUP. RAR”的文件，并存放当前文件夹中。

【第 6 题】

打开“D:\5009”文件夹，进行以下操作。

（1）创建名为“天空”和“海洋”两个文件夹；

（2）将文件夹“WERTY”更名为“NWRE”；

（3）将“pkueg. xlsx”和“ksder. docx”两个文件复制到“海洋”文件夹中；

（4）删除“KPPA”文件夹中的所有文件；

（5）将“PERT”文件夹下的“fjpker. xsd”文件设置成只读属性；

（6）将文件“tscon. txt""”和“opp. xml”移动到“天空”文件夹下；

（7）将“eap. xlsx”和“rtg. pdf”两个文件压缩名为“资料 . RAR”的文件，并存放在当前文件夹下。

【第 7 题】

打开“D:\5010”文件夹，进行以下操作。

（1）创建名为“名山”和“湖泊”两个文件夹；

（2）将文件夹“MOUNTAIN”更名为“JEBEL”；

（3）将“LAKE”文件夹下的所有文件复制到“湖泊”文件夹中；

（4）删除“OCEAN”文件夹；

（5）将“rivers. xsd”文件设置成只读属性；

（6）将文件“land. txt”和“tiritory. txt”移动到“名山”文件夹下；

（7）将压缩文件“HESHAN. RAR”解压到“HESHAN”文件夹下。

【第 8 题】

打开“D:\5011”文件夹，进行以下操作。

(1) 创建名为“文档”的文件夹；

(2) 在“PROJECT \ COMPLETE”文件夹中删除文件“tswf. pptx”；

(3) 将“SUSPEND”文件夹中的“serpr. dbf”文件设置成只读属性；

(4) 将“INTERRUPT”文件夹中的“nproper. xlsx”文件重命名为“opp. xlsx”；

(5) 将“test. xlsx”文件移动到“DELIVER”文件夹中；

(6) 将“GZZK”文件夹中的“tscon. pptx”文件复制到“ZZMK”文件夹中；

(7) 将“ALL”文件夹进行压缩，以文件名“ALL. RAR”保存到当前文件夹中。

【第 9 题】

打开“D:\5012”文件夹，进行以下操作。

(1) 在“ASIA”文件夹中创建名为 profit. txt 的文本文件；

(2) 删除名为“FLY”的文件夹；

(3) 将“OCEAN”文件夹中的“economics. pdf”文件设置成只读属性；

(4) 为“SEAS”文件夹中的“partner. pptx”文件创建桌面快捷方式；

(5) 将文件“change. xlsx”移动到“TRADE”文件夹中；

(6) 将“SEAWAY”文件夹中的“commerce. docx”文件复制到“TRAFFIC”文件夹中；

(7) 将压缩文件“SAIL. RAR”解压到“SAIL”文件夹中。

【第 10 题】

打开“D:\5013”文件夹，进行以下操作。

(1) 创建名为 VIDEO 的文件夹；

(2) 将“COMEDY”文件夹下的“COMBAT”文件夹复制到“ACTION”文件夹中；

(3) 删除“SUSPENSE”文件夹中的“fear. dbf”文件；

(4) 将“ADVENTURE”文件夹中的“risk. xml”文件设置成只读属性；

(5) 将“RECORD”文件夹中的“nomination. pdf”文件更名为“wiming. pdf”；

(6) 将“celease. txt”文件移动到“FANTASY”文件夹下；

(7) 将文件“fast1. htm”和“fast2. htm”压缩名为“SERIES. RAR”的文件，存放在当前文件夹下。

【第 11 题】

本题型共有 7 小题：

(1) 在“D:\5536”文件夹下分别创建名为 CAP4 和 CAP8 的文件夹；

(2) 将“D:\5536”文件夹下 SN. txt 复制到“D:\5536”文件夹下 ADOBE 文件夹中；

(3) 删除“D:\5536”文件夹下 XVIDV 文件夹；

(4) 将“D:\5536”文件夹下的 README. txt 文件建立桌面快捷方式；

(5) 将“D:\5536”文件夹下的 DIST 文件夹更名为 SOUR；

(6) 将“D:\5536”文件夹下的 PAY. docx 和 BLUE. docx 移动到“D:\5536”文件夹下 LOADS 文件夹中；

(7) 将“D:\5536”文件夹下的 RES. jnt 文件压缩，压缩文件名为“RES. rar”，并存放在“D:\5536”文件夹下 BOOT 文件夹中。

【第 12 题】

本题型共有 7 小题：

（1）在“D:\5537”文件夹下分别创建名为“WIN”和“STRAP”的两个文件夹；

（2）将“D:\5537”文件夹下的 MSI 文件夹下的 STALL 文件夹复制到“D:\5537”文件夹下 DICT 文件夹中；

（3）删除“D:\5537”文件夹下 PACK 文件夹中的 AGES. ppt 文件；

（4）将“D:\5537”文件夹下的 CORE 文件夹中 PDAPP. html 文件设置成只读属性；

（5）将“D:\5537”文件夹下的 PIMA. docx 重命名为 PIMX. docx；

（6）将“D:\5537”文件夹下的 DWA. xml 和 LWA. xml 移动到“D:\5537”文件夹下 SIG 文件夹中；

（7）将“D:\5537”文件夹下的 PIC. png 和 VC. swf 压缩，压缩文件名为“UWA. rar”，并存放在“D:\5537”文件夹下。

【第 13 题】

本题型共有 7 小题：

（1）在“D:\5539”文件夹下分别创建名为“SOUTH”和“NORTH”两个文件夹；

（2）将“D:\5539”文件夹下的 DIRECTION. txt 重命名为 BEARING. txt；

（3）删除“D:\5539”文件夹下 ASPECT 文件夹；

（4）将“D:\5539”文件夹下的 EXPOSURE. xsd 文件设置成只读属性；

（5）将“D:\5539”文件夹下 ATION 文件夹移动到“D:\5539”文件夹下 EAST 文件夹中；

（6）将“D:\5539”文件夹下的 OCCIDENT. doc 复制到“D:\5539”文件夹下“WEST”文件夹中；

（7）将“D:\5539”文件夹下的 ORIENT 文件夹压缩，压缩文件名为“ORIENT. rar”，并存放在“D:\5539”文件夹下。

【第 14 题】

本题型共有 7 小题：

（1）在“D:\5540”文件夹下创建名为“EAP”和“ADD”两个文件夹；

（2）将“D:\5540”文件夹下的文件夹 HOUEE 重命名为 SOUPE；

（3）将“D:\5540\POR”文件夹下所有文件复制到“D:\5540”文件夹下“TSWF”文件夹中；

（4）删除“D:\5540”文件夹下 KSDER 文件夹；

（5）将“D:\5540”文件夹下 DOWS. SYS 文件设置成只读属性；

（6）将“D:\5540”文件夹下的 SS. txt 和 PE. txt 移动到“D:\5540”文件夹下“TSWCX”文件夹中；

（7）将“D:\5540”文件夹下的压缩文件 YXFB. rar 解压到“D:\5540\YXFB”文件夹下。

【第 15 题】

本题型共有 7 小题：

（1）在“D:\5541 \ MEDIA”文件夹中创建名为 SETUP. txt 的文本文件；
（2）删除“D:\5541”文件夹下 BOARD 文件夹；
（3）将“D:\5541 \ SWITCH”文件夹中名为 CRT. docx 的文件设置成只读属性；
（4）为 D:\5541 \ AME”文件夹中名为 CORE. pptx 的文件创建桌面快捷方式；
（5）将 D:\5541”文件夹下名为 REDIST. txt 的文件移动到“D:\5541 \ XMPP”文件夹中；
（6）将 D:\5541 \ IOS”文件夹中名为 AIRFOR. SYS 的文件复制到“D:\5541 \ MUL”文件夹中；
（7）将 D:\5541”文件夹下 TYPE. rar 文件解压到“D:\5541 \ TYPE”文件夹中。

【第 16 题】

本题型共有 7 小题：
（1）在“D:\5542”文件夹下创建名为 JOURNAL. txt 的文本文件；
（2）将“D:\5542 \ PROJECT”文件夹中 CODE. docx 文件重命名为 SCRIPT. docx；
（3）将“D:\5542 \ IMAGE”文件夹中名为 SPEECH. pptx 的文件设置成只读属性；
（4）为“D:\5542 \ OUTLAY \ EXES”文件夹中名为 COST. xlsx 的文件创建桌面快捷方式；
（5）将“D:\5542”下名为 EXPENSES. xlsx 的文件移动到“D:\5542 \ CHARGE”文件夹中；
（6）将“D:\5542 \ PERSONNEL”文件夹中名为 LIST. pptx 的文件复制到“D:\5542 \ ROSTER”文件夹中；
（7）将“D:\5542”文件夹下 RESOURCES. rar 文件解压到“D:\5542 \ RESOURCES”文件夹中。

第 9 章　Word 2010 操作题

【第 1 题】

打开“D:\4990”文件夹中的 Word 文档“复旦大学.docx”进行以下操作并保存。

(1) 将纸张大小设置为 16 开（18.4 厘米×26 厘米），页边距左、右各 2 厘米；

(2) 将标题“复旦大学”设为隶书，字号一号；

(3) 将标题居中，段前间距 0.5 行；

(4) 将正文各段内容首行缩进 2 字符；

(5) 将正文行距设置为 1.5 倍行距；

(6) 将正文第一段设置红色双线边框；

(7) 在文档末尾插入一个 3 行 7 列的表格；

(8) 设置表格的行高为最小值 1 厘米；

(9) 将表格第一行合并为一个单元格；

(10) 保存文档并关闭 Word 程序。

【第 1 题样文】

复旦大学

复旦大学（Fudan University），简称“复旦”，位于中国上海，由中华人民共和国教育部直属，中央直管副部级建制，位列 211 工程、985 工程，入选双一流、“珠峰计划”“111 计划”“2011 计划”“卓越医生教育培养计划”，为“九校联盟”成员、中国大学校长联谊会成员、东亚研究型大学协会成员、环太平洋大学协会成员、21 世纪大学协会成员，是一所综合性研究型的全国重点大学。

复旦大学创建于 1905 年，原名复旦公学，是中国人自主创办的第一所高等院校，创始人为中国近代知名教育家马相伯，首任校董为国父孙中山。校名“复旦”二字选自《尚书大传·虞夏传》名句“日月光华，旦复旦兮”，意在自强不息，寄托当时中国知识分子自主办学、教育强国的希望。1917 年复旦公学改名为私立复旦大学；1937 年抗战爆发后，学校内迁重庆北碚，并于 1941 年改为“国立”；1946 年迁回上海江湾原址；1952 年全国高等学校院系调整后，复旦大学成为以文理科为基础的综合性大学；1959 年成为全国重点大学。2000 年，原复旦大学与原上海医科大学合并成新的复旦大学。截至 2017 年 5 月，学校占地面积 244.99 万平方米，建筑面积 200.20 万平方米。

复旦师生谨记“博学而笃志，切问而近思”的校训，严守“文明、健康、团结、奋发”的校风，力行“刻苦、严谨、求实、创新”的学风，发扬“爱国奉献、学术独立、海纳百川、追求卓越”的复旦精神，以服务国家为己任，以培养人才为根本，以改革开放为动力，为实现中国梦作出新贡献。

【第 2 题】

打开“D:\4991”文件夹中的 Word 文档“空调病 . docx”进行以下操作并保存。

（1）设置页面页边距为上、下各 2 厘米，左、右各 3 厘米；

（2）将标题“空调病”设置为幼圆，加粗，二号，字体颜色为深蓝；

（3）将标题文字居中对齐；

（4）将正文各段首行缩进 2 字符；

（5）将正文各段设置为段前、段后间距各 1 行；

（6）将正文的行距设置为最小值 20 磅；

（7）为正文中粗体显示的三种病因添加项目符号“➢”；

（8）在文档末尾插入一个 4 行 6 列的表格，将表格的内外边框设为双实线；

（9）将表格的单元格对齐方式设置为水平居中；

（10）保存文档并关闭 Word 程序。

【第 2 题样文】

空调病

长期处在空调环境中而出现头晕、头痛、食欲不振、上呼吸道感染、关节酸痛等症状称为空调病（air-conditioning disease）或空调综合征。建筑设计不完善、空调本身的缺陷和人们对空调的过分依赖都能导致空调病。其实，医学上并没有“空调病”这个疾病，这是一个社会学诊断的病名，通常凡是与空调有关或空调引起的相关疾病，就能称之为“空调病”。多发生于夏季，老人、儿童和妇女是其易感人群。呼吸道、关节肌肉、神经系统最易受累。空调病以预防为主，注意开启空调的时间不要过长，室内外温差不要过大，切勿贪凉。

病因：

- **空气干燥**

由于空调的存在，房间内湿度太低，这就会对人体眼、鼻等处的黏膜产生不利作用，导致黏膜病。

- **微生物滋生**

空调房间密闭性强、空气流动性差、风量小、长时间不开窗、阳光不足，致病微生物容易滋生。据有关专家统计，在有空调的密闭室内，5 至 6 小时后，室内氧气下降 13.2%，大肠杆菌升高 1.2%，红霉色菌升高 1.11%，白喉菌升高 0.5%，其他呼吸道有害细菌均有不同程度的增加。空调机的风管、吹风机也适合病菌和病毒生存繁殖，病菌和病毒被空调吹送出来，易于引发较大规模的感染。

- **过冷的刺激**

室内外温差较大，机体适应不良。人体的植物神经系统难以适应，会造成人体的生物节律及植物神经功能紊乱。“冷”感觉还能使交感神经兴奋，导致腹腔内血管收缩，胃肠运动减弱，从而出现诸多相应症状；能使一些人的体表血管急剧收缩、血液流动不畅，使关节受冷导致关节痛。

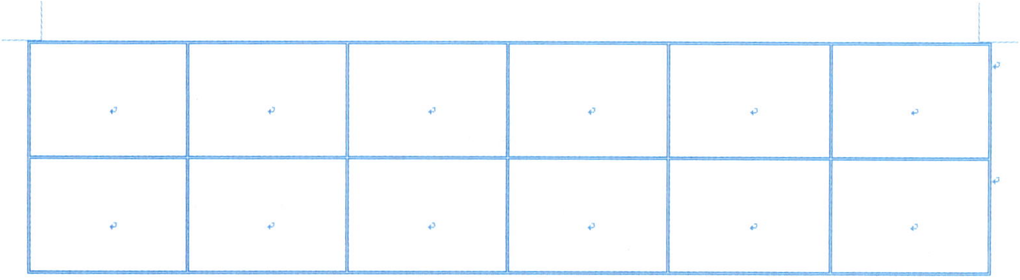

【第 3 题】

打开“D:\4992”文件夹中的 Word 文档“国际日期变更线 .docx”进行以下操作并保存。

（1）设置页面纸张大小，宽度为 18 厘米，高度为 25 厘米；

（2）将标题“国际日期变更线”设置为华文新魏，三号，字体颜色为深蓝；

（3）将标题文字居中对齐；

（4）将正文各段首行缩进 2 字符；

（5）将正文的行距设置为固定值 20 磅；

（6）正文最后一段设置为浅绿底纹，双波浪线边框；

（7）查找替换，将文档中所有“周期”一词替换为“日期”；

（8）在文档末尾插入一个 4 行 6 列的表格，单元格对齐方式为水平居中；

（9）将表格第 1 行最后二个单元格合并；

（10）保存文档并关闭 Word 程序。

【第 3 题样文】

国际日期变更线

地球是太阳系中的一颗行星，它除了绕太阳公转外，每天还自转一周。因此，地球被太阳光照射的半个球面形成白昼，而背着太阳光的另外半个球面便是黑夜，它们之间的过渡带是清晨和黄昏。地球不停地自西向东转着，地球上的晨、昼、昏、夜也不断地从东向西移动，循环往复地在各地出现。

全球各地都以自己所看到的太阳位置作为确定“一天”的标准，把自己所在地方相应的地球另一面的一条经线作为“日期变更线”也叫国际日界线，这样就有许多条“日期变更线”，使用起来很不方便。为了解决这个问题，应该规定一条全世界共同的、可供对照的“日期变更线”。随着标准时计时的区时系统的确立，东西十二区重叠，计时相同但日期不同，为避免混乱，公认 180° 经线作为日期变更线，因为是以“格林尼治时间”为标准的日期变更线。这条“日期变更线”就叫“国际日期变更线”。

这条穿过太平洋的“国际日期变更线”，为了方便地方生活，避开了一些岛屿和地区，这是为了使它们不致分成两个日期，因此，它不是一条直线而是有几个曲折的曲线。

【第 4 题】

打开“D:\4993”文件夹中的 Word 文档“唐五代词 . docx”进行以下操作并保存。

（1）将标题“唐五代词”设置为幼圆，加粗，二号；

（2）将标题文字居中对齐；

（3）将正文各段落设为首行缩进 2 字符，段前、段后间距各 0.5 行；

（4）将正文行距设为 1.5 倍行距；

（5）将正文第 1 段设置字体为华文新魏，并添加着重号；

（6）在文档中插入图片“D:\4993 \ tangwdc. jpg”，图片缩放为原图的 30%，文字环绕为“顶端居右，四周型文字环绕”；

（7）在文档末尾插入一个 5 行 4 列的表格；

（8）将表格列宽设置为 3 厘米，并将表格最后一列合并为一个单元格；

（9）表格单元格对齐方式为水平居中；

（10）保存文档并关闭 Word 程序。

【第 4 题样文】

唐五代词

词是中国唐五代兴起的一种配乐歌唱的新体诗 。它在隋唐之际已经产生，中唐以后文人创作渐多，晚唐五代趋于繁荣，宋代极盛。唐五代一般称之为曲、曲子、曲子词，后来才称为词。又称为诗余、长短句等。词起源于民间，它是城市经济发展的产物，并与当时新兴的民间音乐、少数民族和外国传入的音乐有密切关系。

古人多认为词源于乐府诗和唐代近体诗。这是因为二者均是较整齐的五、七言句，配乐时需依曲调的长短曲折增减诗句的字数而成长短句，宋代朱熹、胡寅均持此论。但这只是局部情况。古乐府及近体诗之可歌者大都是先作诗，后配乐；而词则是先有曲调，再按调谱填词，其长短有固定格律。而且按乐填词现象在隋唐以前就出现了。南朝梁武帝有《江南弄》七曲，同时的沈约有四曲，萧纲有三曲，体裁完全相同。可说是词的滥觞。词与乐府的区别还在于词所配合的是新兴音乐。隋唐时代，少数民族和外国音乐大量传入中原地区。不仅流行于民间，也进入上层社会和宫廷，而原有的音乐则逐渐衰败。这些音乐演奏时音调繁复，变化多端，自然需要有长短错落、抑扬婉转的歌词与之相配合。这样，就有了严格意义上的词。

唐代曲子词最早流行于民间。敦煌曲子词的发现，就是证据。文人填词之风始于唐中叶。相传《云谣集杂曲子》御制曲子词中就有唐玄宗的作品。又传李白曾作词十余首，被推为词之始祖。肃宗以后，文人填词者渐多，较早的有张志和《渔歌子》（又称《渔父词》）5 首，一时唱和甚多，在日本也有和作和仿作。大历间，戴叔伦、韦应物名作有《调笑令》，稍后王建有宫词《调笑令》和《宫中三台》《江南三台》。刘禹锡、白居易更是词作的推动者。晚唐填词之风更盛。所用词调有所增加，艺术上也较成熟。代表作家是温庭筠。此外，杜牧、段成式、张希复、郑符、皇甫松、司空图、韩偓、李晔　（唐昭宗）也均为词作名家。

【第 5 题】

打开“D:\5014”文件夹中的 Word 文档“三角函数 . docx”进行以下操作并保存。

（1）设置页面纸张大小，宽度为 25 厘米，高度为 27 厘米；页边距为上、下各 2 厘米，左、右各 3 厘米；

（2）正文各段首行缩进 2 字符；

（3）正文行距设置为固定值 25 磅；

（4）将正文第 2、3 段设为等宽的两栏，栏间距为 3 字符，并加分隔线；

（5）将正文第 1 段设置上下边框线，线型为双实线，粗细为 1.5 磅；

（6）设置标题“三角函数”为艺术字，艺术字样式为第 1 行第 1 列；

（7）艺术字文字环绕为“顶端居左，四周型环绕”；

（8）在文档末尾插入一个 3 行 7 列的表格；

（9）将表格的内外边框线设为波浪线；

（10）保存文档并关闭 Word 程序。

【第 5 题样文】

三角函数

三角函数是基本初等函数之一，是以角度（数学上最常用弧度制，下同）为自变量，角度对应任意角终边与单位圆交点坐标或其比值为因变量的函数。也可以等价地用与单位圆有关的各种线段的长度来定义。三角函数在研究三角形和圆等几何形状的性质时有重要作用，也是研究周期性现象的基础数学工具。在数学分析中，三角函数也被定义为无穷级数或特定微分方程的解，允许它们的取值扩展到任意实数值，甚至是复数值。↵

常见的三角函数包括正弦函数、余弦函数和正切函数。在航海学、测绘学、工程学等其他学科中，还会用到如余切函数、正割函数、余割函数、正矢函数、余矢函数、半正矢函数、半余矢函数等其他的三角函数。不同的三角函数之间的关系可以通过几何直观或者计算得出，称为三角恒等式。↵

三角函数一般用于计算三角形中未知长度的边和未知的角度，在导航、工程学以及物理学方面都有广泛的用途。另外，以三角函数为模板，可以定义一类相似的函数，叫做双曲函数。常见的双曲函数也被称为双曲正弦函数、双曲余弦函数等等。三角函数（也叫做圆函数）是角的函数；它们在研究三角形和建模周期现象和许多其他应用中是很重要的。↵

三角函数通常定义为包含这个角的直角三角形的两个边的比率，也可以等价的定义为单位圆上的各种线段的长度。更现代的定义把它们表达为无穷级数或特定微分方程的解，允许它们扩展到任意正数和负数值，甚至是复数值。↵

↵	↵	↵	↵	↵	↵	↵
↵	↵	↵	↵	↵	↵	↵
↵	↵	↵	↵	↵	↵	↵

↵

【第 6 题】

打开“D:\5015”文件夹中的 Word 文档“山芋 . docx”进行以下操作并保存。

（1）设置页面纸张大小，宽度为 20 厘米，高度为 27 厘米；左、右页边距各 2 厘米；

（2）将标题“山芋”设置为楷体，加粗，二号，字体颜色为深红；

（3）将标题居中对齐；

（4）正文各段首行缩进 2 字符，段前、段后间距各 0.5 行；

（5）将正文行距设置为固定值 21 磅；

（6）为正文第 1 段添加浅绿底纹；

（7）在文档中插入图片“D:\5015 \ shanyu. png”，图片缩放为原图的 40%，文字环绕为“中间居中，四周型文字环绕”；

（8）在页眉处插入“空白”页眉，键入文字为“番薯”；

（9）在文档末尾插入一个 3 行 5 列的表格，并将表格第 1 列合并为一个单元格；

（10）保存文档并关闭 Word 程序。

【第 6 题样文】

番薯

山芋

山芋又称红薯、甘薯、红苕、白薯、地瓜。之所以称番薯，大抵是因为它是“舶来品”之故。山芋是家喻户晓的作物，它的名称却易被混淆。地瓜，山芋，甘薯和红薯等眼花缭乱。事实上，番薯才是正确的称呼，其它都只是番薯的别称而已。

番薯因果实长在地下，不少人称之为地瓜，但它不是瓜，为什么这么说呢？一方面，从植物分类学来说，番薯是旋花科番薯族；而我们熟知的冬瓜、西瓜、南瓜、黄瓜都是葫芦目葫芦科，二者分属不同的植物科目；从口感形态上来说，瓜类有瓜仁和瓜瓤，口感清脆爽口，生吃熟食皆可；番薯没有瓜仁，而且淀粉含量高，若生吃没经过高温,不易消化,容易产生腹胀,嗝气等不适。另一方面，中国各地方言多称“番薯”，没有“地瓜”一词，日本和韩国等多个国家也都统称番薯。那甘薯是番薯吗？甘薯只是番薯的别称，番薯身为植物分类学中的“番薯族番薯属”的“族长”，还是希望被以学名“番薯”称之的。而红薯、紫薯是红番薯和紫番薯的简称，红、紫只是果皮颜色不同以示区别而已。

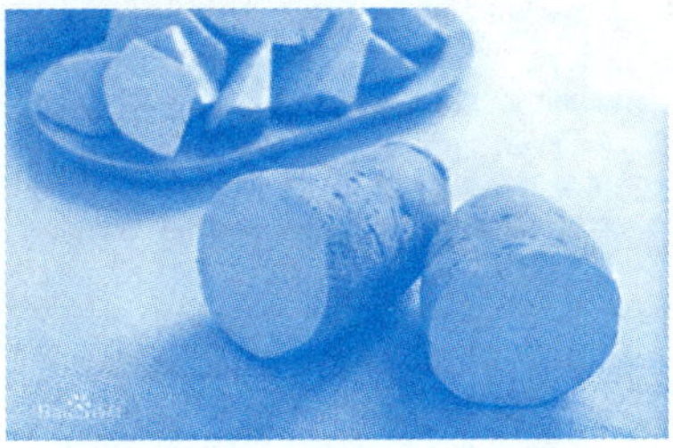

红薯在中国北方是很重要的食材。将红薯切条，晒干，做成地瓜干，是非常美味的食品。现在还流行烤红薯，也是非常美味的。常见的多为生双子叶植物，草本，其蔓细长，茎匍匐地面。块根，无氧呼吸产生乳酸，皮色发白或发红，肉大多为黄白色，但也有紫色，除供食用外，还可以制糖和酿酒、制酒精。煮熟了呈现紫色或金黄色。

【第 7 题】

打开“D:\5016”文件夹中的 Word 文档“雾霾.docx”进行以下操作并保存。

（1）设置页面页边距为上、下各 3 厘米，左、右各 2 厘米；

（2）正文各段首行缩进 2 字符；

（3）正文各段段后间距各为 1 行；

（4）为正文第 1 段添加下划线“波浪线”；

（5）将正文第 2 段分为两栏，加分隔线；

（6）设置标题“雾霾”为艺术字，艺术字样式为第 4 行第 3 列；

（7）艺术字的文字环绕为“顶端居左，四周型环绕”；

（8）在文档末尾创建一个 4 行 5 列的表格；

（9）将表格的内外边框线设置为双实线；

（10）保存文档并关闭 Word 程序。

【第 7 题样文】

雾霾

雾霾，顾名思义是雾和霾。但是雾和霾的区别很大。空气中的灰尘、硫酸、硝酸等颗粒物组成的气溶胶系统造成视觉障碍的叫霾。霾就是灰霾（烟霞）。

雾是由大量悬浮在近地面空气中的微小水滴或冰晶组成的气溶胶系统。多出现于秋冬季节(这也是 2013 年 1 月份全国大面积雾霾天气的原因之一)，是近地面层空气中水汽凝结（或凝华）的产物。雾的存在会降低空气透明度，使能见度恶化，如果目标物的水平能见度降低到 1 000 米以内，就将悬浮在近地面空气中的水汽凝结（或凝华）物的天气现象称为雾（Fog）。

霾，也称灰霾（烟雾）空气中的灰尘、硫酸、硝酸、有机碳氢化合物等粒子也能使大气混浊。将目标物的水平能见度在 1 000～1 0000 米的这种现象称为轻雾或霭（Mist）。形成雾时大气湿度应该是饱和的(如有大量凝结核存在时，相对湿度不一定达到 100%就可能出现饱和)。由于液态水或冰晶组成的雾散射的光与波长关系不大，因而雾看起来呈乳白色或青白色和灰色。

雾霾天气是一种大气污染状态，雾霾是对大气中各种悬浮颗粒物含量超标的笼统表述，尤其是 PM2.5（空气动力学当量直径小于等于 2.5 微米的颗粒物）被认为是造成雾霾天气的“元凶”。随着空气质量的恶化，阴霾天气现象出现增多，危害加重。中国不少地区把阴霾天气现象并入雾一起作为灾害性天气预警预报。统称为“雾霾天气”。

【第 8 题】

打开“D:\5017”文件夹中的 Word 文档“农历二十四节气 .docx”进行以下操作并保存。

（1）将标题“农历二十四节气”设置为华文行楷，正文设置为隶书；

（2）将标题设置为二号，正文设置为四号；

（3）正文各段左、右各缩进 0.5 字符；

（4）正文各段行距设为最小值 25 磅；

（5）正文第 2 段设置橙色底纹；

（6）在页面底端处插入“普通数字 1”类型的页码；

（7）在文档末尾创建一个 3 行 7 列的表格；

（8）将表格各单元格的对齐方式设置为水平居中；

（9）为表格套用“彩色列表”的样式；

（10）保存文档并关闭 Word 程序。

【第 8 题样文】

农历二十四节气

农历二十四节气是中国古代订立的一种用来指导农事的补充历法，是古代中国劳动人民长期经验的积累和智慧的结晶。

二十四节气即：立春、 雨水、惊蛰、春分、清明、谷雨、立夏、小满、芒种、夏至、小暑、大暑，立秋、处暑、白露、秋分、寒露、霜降，立冬、小雪、大雪、冬至、小寒和大寒。

远在春秋时期，中国古代先贤就定出仲春、仲夏、仲秋和仲冬等四个节气，以后不断地改进和完善，到秦汉年间，二十四节气已完全确立。农历二十四节气这一非物质文化遗产十分丰富，其中既包括相关的谚语、歌谣、传说等，又有传统生产工具、生活器具、工艺品、书画等艺术作品，还包括与节令关系密切的中国节日文化、生产仪式和民间风俗。

1

【第 9 题】

打开“D:\5018”文件夹中的 Word 文档“沙漠鱼 . docx”进行以下操作并保存。

(1) 设置页边距为上、下各 2 厘米，左、右各 3 厘米；

(2) 正文各段字号设置为小三；

(3) 正文第 1 段字体颜色设置为深红；

(4) 设置标题“沙漠鱼”为艺术字，艺术字样式为第 6 行第 3 列；

(5) 艺术字的文字环绕为“顶端居左，四周型环绕”；

(6) 在文档中插入图片“D:\5018 \ smy. jpg”，文字环绕为“顶端居右，四周型文字环绕”；

(7) 在页面底端处插入“普通数字 3”类型的页码；

(8) 在文档末尾创建一个 3 行 5 列的表格；

(9) 将表格中最后一行设置橙色底纹；

(10) 保存文档并关闭 Word 程序。

【第 9 题样文】

沙漠鱼

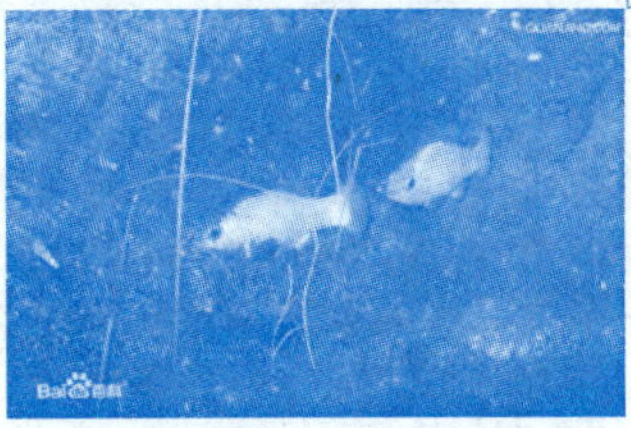

沙漠鱼生活在死寂的沼泽地“死亡谷”，目前仍是北美洲海拔最低、最干燥、最热的地区。

沙漠鱼的体型、大脑和行为都很灵活，其发育受早年环境的影响很大。这种灵活性称为表型可塑性，它对沙漠鱼表型多样性的形成起着关键作用。许多动物如蜜蜂和脊椎动物都有表形可塑性。一些特殊表型的形成取决于他们特殊的栖息地，一旦栖息地变了，表型特征也会发生变化。死亡谷中的水温不适宜沙漠鱼的生存繁衍，其中著名的“魔鬼洞”是沙漠鱼唯一天然的栖息地。可塑性也是有遗传基础的，由生物个体的染色体组和生存环境共同决定。一个适应性进化的新方向取决于生物体本身是可变异的，这种变异共同取决于基因型和结构、生理、行为上的表型可塑性。这是一种濒危鱼种，生存完全依赖于环境，沙漠中罕见的水源是它生存的必要条件。

死亡谷东部 96 千米处的“魔鬼洞”是沙漠鱼唯一天然

1

的栖息地。地理学家估计，这个洞深度至少有 130 米，形成已有 50 万年。这些鱼来到这个洞的时间不超过 5 万年。5 万年前可能是因为地震，洞穴的顶部坍塌，让它和里面的水暴露出来。魔鬼洞里的水很缺氧，而且温度维持 33.3℃~33.9℃，这是大多数鱼类能容忍的温度上限。沙漠鱼的行为有赖于其栖息地的环境，而对唯一栖息地的过分依赖会使魔鬼洞的沙漠鱼易灭绝，为此人们建了三个模仿魔鬼洞环境的避难所。5 年后发现，避难所中与魔鬼洞中的沙漠鱼的表型差异很大。

2

【第 10 题】

打开“D:\5019”文件夹中的 Word 文档“中国可持续发展研究会.docx”进行以下操作并保存。

（1）设置页面纸张大小，宽为 20 厘米、高为 25 厘米；

（2）将标题“中国可持续发展研究会”设置为华文隶书，正文设置为仿宋；

（3）将标题居中对齐；

（4）正文各段左、右各缩进 1 个字符；

（5）为正文第 3、4、5 段添加项目符号“✧”；

（6）正文第 2 段加着重号；

（7）在文档末尾创建一个 5 行 3 列的表格；

（8）将表格第 1 列设置为橙色底纹；

（9）将表格的内外边框线设置为第四种线型；

（10）保存文档并关闭 Word 程序。

【第 10 题样文】

中国可持续发展研究会

中国可持续发展研究会由拥护中国共产党的领导，关心中国人口、资源与环境等可持续发展问题的专家、学者、科技和管理工作者以及少数企业家组成的全国性学术性的社会团体。

中国可持续发展研究会发展历程：

- 1. 1991 年 10 月 23 日由国家民政部批准成立。
- 2. 1992 年 1 月 14 日在北京人民大会堂召开了成立大会。
- 3. 1995 年 5 月 10 日，民政部批准，将中国社会发展科学研究会更名为中国可持续发展研究会。

中国可持续发展研究会以完善中国的可持续发展理论为己任，积极组织团结国内外从事可持续发展的各界人士，进行可持续发展理论的宣传、研究和成果的交流，加速科研成果的转化过程，为我国的可持续发展科学技术事业的繁荣做贡献。

【第 11 题】

打开“D:\5538”文件夹中的 Word 文档“论语十则 . docx”，进行以下操作并保存。

(1) 设置页面页边距为上、下各 2.3 厘米，左、右各 3 厘米；

(2) 将标题设置为华文琥珀、倾斜、二号，字体颜色为红色；

(3) 将标题文字居中对齐；

(4) 将正文第 1 段首行缩进 2 字符；

(5) 将正文第 1 段的间距设置为段前、段后各 1 行；

(6) 将正文的各段落行距设置为 1.5 倍行距；

(7) 为正文第 2 段开始至文档末尾的所有段落添加项目符号“◆”；

(8) 在正文第一段末尾插入一个 3 行 4 列的表格，设置表格的底纹颜色为“深蓝，文字 2，淡色 80%”；

(9) 将表格第 3 行的 4 个单元格合并；

(10) 完成后直接保存，并关闭 Word 程序。

【第 11 题样文】

论语十则

《论语》是记载孔子及其一部分弟子言行的语录体文集，儒家经典著作之一。一则，就是《论语》中的一章，其中第一，二则见于《学而》篇，第三、四、五则见于《为政》篇，第八则见于《泰伯》，第九则见于《子罕》，第十则为《卫灵公》，其内容都与学习和为人处世有关，是孔子教育思想中最有价值的部分。

- 子曰："学而时习之，不亦说乎?有朋自远方来，不亦乐乎?人不知而不愠，不亦君子乎?"（《学而》）
- 曾子曰："吾日三省吾身：为人谋而不忠乎？与朋友交而不信乎？传不习乎？"（《学而》）
- 子曰："温故而知新，可以为师矣。"（《为政》）
- 子曰："学而不思则罔,思而不学则殆。"（《为政》）
- 子曰："由，诲女知之乎！知之为知之，不知为不知，是知也。"（《为政》）
- 子曰："见贤思齐焉，见不贤而内自省也。"（《里仁》）
- 子曰："三人行，必有我师焉。择其善者而从之，其不善者而改之。"（《述而》）
- 曾子曰："士不可以不弘毅，任重而道远。仁以为己任，不亦重乎？死而后已，不亦远乎？"（《泰伯》）
- 子曰："岁寒，然后知松柏之后凋也。"（《子罕》）
- 子贡问曰："有一言而可以终身行之者乎？"子曰："其恕乎！己所不欲，勿施于人。"（《卫灵公》）

【第 12 题】

打开“D:\5543”文件夹中的 Word 文档“赤豆 . docx”，进行以下操作并保存。

（1）设置页面纸张大小，宽度为 20 厘米，高度为 23 厘米；

（2）将标题设置为黑体、加粗、小一，字体颜色为深红色；

（3）将标题文字居中对齐；

（4）将正文各段首行缩进 2 字符；

（5）将正文的行距设置为固定值 24 磅；

（6）正文第二段设置底纹为填充“红色，强调文字颜色 2，淡色 80%”，图案样式为 5%，单波浪线边框，均应用于段落；

（7）查找替换，将文档中所有“树立”一词替换为“直立”；

（8）在文档末尾插入 4 行 7 列表格，表格单元格对齐方式为水平居中；

（9）将表格第 1 列最后 2 个单元格合并；

（10）完成后直接保存，并关闭 Word 程序。

【第 12 题样文】

赤豆

赤豆：一年生直立或缠绕草本，高可达 90 厘米，羽状复叶；托叶盾状着生，箭头形，小叶卵形至菱状卵形，全缘或浅三裂，两面均稍被疏长毛。花黄色，花梗极短；小苞片披针形，花萼钟状，旗瓣扁圆形或近肾形，翼瓣比龙骨瓣宽，子房线形，花柱弯曲，荚果圆柱状，种子通常暗红色或其他颜色，长圆形，种脐不凹陷。花期夏季，9-10 月结果。

中国南北均有栽培。美洲及非洲的刚果、乌干达亦有引种。种子供食用，煮粥、制豆沙均可。干豆含蛋白质 21%～23%，脂肪 0.3%，碳水化合物 65%。

赤豆是一年生、直立或缠绕草本植物。高 30～90 厘米，植株被疏长毛。羽状复叶具 3 小叶；托叶盾状着生，箭头形，长 0.9～1.7 厘米；小叶卵形至菱状卵形，长 5～10 厘米，宽 5～8 厘米，先端宽三角形或近圆形，侧生的偏斜，全缘或浅三裂，两面均稍被疏长毛。

【第 13 题】

打开“D:\5545”文件夹中的 Word 文档“爱莲说 . docx”，进行以下操作并保存。

(1) 设置页面纸张大小，宽度为 20 厘米，高度为 28 厘米，页边距为上、下、左、右各 2.5 厘米；

(2) 将标题设置为隶书、一号，字体颜色为绿色；

(3) 将标题设置为居中对齐；

(4) 将正文各段首行缩进 2 字符；

(5) 将正文行距设置为 1.5 倍行距；

(6) 将正文第 1、2 段设为等宽两栏，栏间距为 2.02 字符，并加分隔线；

(7) 在文档中插入图片“D:\5545 \ lian. jpg”，设置图片的位置为“中间居右，四周型文字环绕”，图片大小缩放为原图的 45%；

(8) 在文档末尾插入一个 3 行 5 列的表格；

(9) 将表格的外边框设为双实线，内框设为单实线；

(10) 完成后直接保存，并关闭 Word 程序。

【第 13 题样文】

爱莲说

水陆草木之花，可爱者甚蕃。晋陶渊明独爱菊。自李唐来，世人甚爱牡丹。予独爱莲之出淤泥而不染，濯清涟而不妖，中通外直，不蔓不枝，香远益清，亭亭净植，可远观而不可亵玩焉。

予谓菊，花之隐逸者也；牡丹，花之富贵者也；莲，花之君子者也。噫！菊之爱，陶后鲜有闻。莲之爱，同予者何人?牡丹之爱，宜乎众矣!

译文

水上、陆地上各种草本木本的花，值得喜爱的非常多。晋代的陶渊明唯独喜爱菊花。从李氏唐朝以来，世人大多喜爱牡丹。我唯独喜爱莲花从积存的淤泥中长出却不被污染，经过清水的洗涤却不显得妖艳。（它的茎）中间贯通外形挺直，不牵牵连连也不枝枝节节，香气传播更加清香，笔直洁净地竖立在水中。（人们）可以远远地观赏（莲），而不可轻易地玩弄它啊。

我认为菊花，是花中的隐士；牡丹，是花中的富贵者；莲花，是花中（品德高尚）的君子。唉！（对于）菊花的喜爱，陶渊明以后就很少听到了。（对于）莲花的喜爱，像我一样的还有什么人呢？（对于）牡丹的喜爱，人数当然就很多了!

【第 14 题】

打开“D:\5548”文件夹中的 Word 文档“一叶障目的成语故事 . docx”，进行以下操作并保存。

（1）设置页面上、下页边距各 3 厘米；

（2）添加标题艺术字“一叶障目”，艺术字样式为第 3 行第 4 列；

（3）设置“一叶障目”艺术字的位置为“顶端居中，四周型文字环绕”，自动换行为“上下型环绕”；

（4）将正文第 1 段设置间距为段前、段后各 0.5 行；

（5）将正文第 2、3、4 段的字体设置为楷体、小四、加粗，字体颜色为红色；

（6）将正文各段首行缩进 2 字符；

（7）在页眉处添加文字“成语故事”，并右对齐；

（8）在文档末尾插入 4 行 4 列的表格，并将表格的外框设为双实线，内框设为单实线；

（9）将表格第 1 行合并为一个单元格；

（10）完成后直接保存，并关闭 Word 程序。

【第 14 题样文】

成语故事

一叶障目

楚地有一个人，家境贫寒，穷困潦倒。他读了《淮南子》，看到书上有这样的记载：螳螂在捕蝉时用树叶遮住自己的身体，其他小昆虫就看不见它，（要是有人能得到那片树叶）就能用它隐藏自己的身体。他十分高兴，于是跑到一棵树下抬头仰望，希望找到那片螳螂在捕蝉时用来遮蔽自己的树叶。偶然发现了，就伸手摘下来。不料失手，那片树叶竟飘落地下。树下原本就有落叶，（混在一起）再也无法辨认。于是，他索性将落叶全部扫起，收了足足有几斗回家。抱回家后，他一片一片地轮番拿树叶来遮住自己的眼睛，问他妻子："你还能看见我吗？"开始，妻子一直说："能看见。"后来，折腾了一整天，妻子于是疲倦不堪，很不耐烦，便骗他说："看不见了！"这人一听心里暗暗大喜，急忙将选出的树叶揣在怀里，跑到街上去。到了闹市，他举着树叶，旁若无人，当面拿别人的东西。结果被官府差吏当场抓住，押送县衙。县官审问他的时候，他老老实实地叙述了事情的始末。县官听了，忍不住哈哈大笑起来，知道他是个书呆子，训斥了一顿就把他释放了，并没有惩治他。

一叶障目的意思是一片叶子挡在眼前会让人看不到外面的广阔世界。比喻被局部或暂时的现象所迷惑。

【近义词】：以偏概全、不见泰山。

【反义词】：洞若观火。

【第 15 题】

打开“D:\5552”文件夹中的 Word 文档“陨石坑里的陨石去哪了 .docx”，进行以下操作并保存。

（1）将标题“陨石坑里的陨石去哪了?”设为艺术字，艺术字样式为第 6 行第 5 列；

（2）设置艺术字的位置为“顶端居中，四周型文字环绕”，自动换行为“上下型环绕”；

（3）设置正文各段首行缩进 2 字符；

（4）设置正文各段为段前、段后间距 0.5 行；

（5）设置正文行距固定值 16 磅；

（6）插入空白页眉，键入文字“自然科学”，并居中；

（7）设置正文 1 至 6 段设为两栏格式，栏宽相等，栏间距为 3 字符，并添加分隔线；

（8）在文档中插入图片“D:\5552\yunshi.jpg”，图片大小缩放为高度、宽度均为 40%；

（9）设置图片的自动换行为“紧密型环绕”；

（10）完成后直接保存，并关闭 Word 程序。

【第 15 题样文】

陨石坑里的陨石去哪了？

发表时间：2018-12-13

陨石是宇宙中最常见的物质之一，它由其他天体相互碰撞或爆炸而产生，以极高的速度在真空的宇宙中飞驰，继续撞击其他天体。这些陨石在太阳系中大多数被质量较大的木星所吸引，因此，地球才躲过了许多灾祸。部分陨石也在进入地球大气过程中被燃烧殆尽变成粉末，只有很少一部分陨石能够顺利在地球着陆。但有一个非常奇怪的现象，这些陨石在地球上形成巨大的坑后，陨石却不见了。

例如美国的巴林杰陨石坑，这个陨石坑直径 1.26 公里，深度 170 米，数学家利用数学模型计算出形成这个陨石坑的陨石初始重量有 30 万吨，直径有 40 米。这颗陨石和其他陨石一样，在撞击地表后消失，并不是有人将陨石搬走了，而是陨石变成了粉尘飘散到空中，部分陨石的金属物质在高温高压的撞击瞬间融化然后达到沸点直接气化了。

陨石撞击过程类似于原子弹爆炸产生的蘑菇云，全都化为尘埃。总共分为两个阶段，第一阶段是接触和挤压，陨石撞击地表的速度通常超过 10 公里每秒，碰撞发生的时间在 1 秒之内，过程中冲击波沿着接触面分别向陨石表面和地表传递，压强相当于几百万倍的大气压，瞬间就能让陨石和地表产生巨大形变。

第二阶段称为开凿，就是陨石坑受到压力进一步扩大，通常来说一个陨石能砸出的坑可以是自身直径的 20 倍左右。6 500 万年前，撞击地球导致恐龙灭绝的陨石坑位于墨西哥的尤卡塔半岛，这个陨石坑的平均直径在 180 公里左右，陨石的直径约 10 公里，撞击后陨石变成尘埃，遮天蔽日阻挡了植物光合作用，引起整个食物链崩塌，产生的效果相当于 120 万亿吨 TNT 爆炸。

但也并不是所有陨石坑都没有陨石，陨石能否完整保留取决于撞击速度。

如果陨石撞击速度没有达到临界的 12 公里每秒，就有可能不会完全消失。例如 1976 年中国吉林市北郊发现的陨石，这颗陨石的母体位于火星和木星之间小行星带上，在距离地球还剩 20 公里时发生爆裂，陨石被分散成大大小小的 3 000 多块，其中最大的一块陨石重约 1.77 吨，砸出了一个 2 米长 6.5 米深的大坑。

陨石一般分为石质陨石和铁陨石，石质陨石的主要成分是矿物质，铁陨石的主要成分是铁和镍，一般是其它天体的核心物质。如果在撞击速度达到 12 公里每秒的情况下，石质陨石会变成尘埃，随着爆炸产生的蘑菇云上升到几千米的高空，最后散落到陨石坑周围。如果是铁陨石，铁和镍会在高温高压下达到熔融态再气化，随着爆炸的冲击波向四周炸开，遇到空气后迅速冷却变成金属小碎末散落在陨石坑周围。

陨石坑里的陨石去哪了？这个问题放在 100 多年前其实很难回答。空旷的无人区一夜之间形成了一个巨坑，当时的科学家们都认为是气体爆炸产生的，完全没想到与陨石有关，甚至都没有陨石这个概念。直到有人发现陨石坑周围数千个陨石颗粒，美国地质学家丹尼尔·巴林杰才坚信，这是天外来客撞击所导致的，并认为陨石没有消失，它就埋藏在陨石坑的深处，于是巴林杰在 1903 年成立了标准钢铁公司，在陨石坑内进行陨石的挖掘工作，直到 1929 年花费了 60 万美元都没有找到陨石才放弃。

后经科学家计算陨石撞击释放的能量，认为陨石就在撞击后被气化或变成粉尘了。

【第 16 题】

打开“D:\5553”文件夹中的 Word 文档“养生小常识 . docx”，进行以下操作并保存。

(1) 设置页面页边距为上、下各 2 厘米，左、右各 3 厘米；

(2) 设置标题为黑体、三号，字体颜色为红色，文字居中对齐；

(3) 为标题文字添加着重号；

(4) 设置正文各段段前、段后间距 0.5 行，行距为最小值 12 磅；

(5) 为正文“9. 吃蔬菜的好处:”中的 4 个小点添加项目符号“ ✧ ”；

(6) 设置正文最后一段为“橙色，强调文字颜色 6，淡色 60%”底纹，应用于文字，并给页面添加单波浪线边框；

(7) 在文档末尾插入一个 2 行 5 列表格；

(8) 设置表格所有边框宽度为 1.5 磅、颜色为绿色；

(9) 将表格单元格的对齐方式设为水平居中；

(10) 完成后直接保存，并关闭 Word 程序。

【第 16 题样文】

养生小常识

1. 冬季养生妙招多，送出问候心意表：多喝淡盐水润喉又润肺，橘皮泡水降火显效果，常吃生梨煮红梨利咽止咳，米醋兑水常漱口治疗口舌生疮有奇效。祝你健康过冬、快乐过冬。

2. 冬季养生妙招多，送出问候心意表：多喝淡盐水润喉又润肺，橘皮泡水降火显效果，常吃生梨煮红梨利咽止咳，米醋兑水常漱口治疗口舌生疮有奇效。祝你健康过冬、快乐过冬。

3. 五谷杂粮像是阳光，蛋奶禽肉像是浮云，蔬菜水果像是彩虹，健康饮食就像是晴朗的天空，让健康生活更给力。

4. 饭不在于吃多，吃饱就好，饭不在于吃饱，吃好就行，饭不在于多贵，吃出营养就好，饭不在于多营养，只要健康就好。饮食最重要就是健康嘛。

5. 冬天里的一把火，让团团圆圆刷一锅，火锅是冬天的美食，是冬天的最爱，可是多吃羊肉会燥热，加些豆腐，多吃辣椒会上火，加些蔬菜，冬天，美味不忘健康，火锅合理搭配。

6. 五谷杂粮是健康的外套，可以装饰神气，蔬菜水果是健康的长裤，可以修饰力气，牛奶鸡蛋是健康的一双鞋，可以让快乐的你不会因为疲惫放弃，健康的身体，是成功的一半，加油！

7. 冬天到了注养生，养生保健出妙招，晨喝温水暖肠胃，热水泡脚助睡眠，合理进补加营养，适宜锻炼更健康。祝冬日暖阳阳，幸福更吉祥。

8. 水是生命之源，健康饮水要注意：餐前餐后喝杯水，保持身材长相美;大口喝水润肠胃，消化良好又不贵;不渴也要常喝水，毒素排出健康随。关注饮食细节，多多饮水不停歇。愿你身体健康，事事顺心。

9. 吃蔬菜的好处：

- ✧ 有益排便，促进代谢，控制体重；
- ✧ 是维生素最佳来源，平稳血液酸碱值；
- ✧ 增加饱食感，减少食物和热量的摄取；
- ✧ 促进肠胃的蠕动，降低食物在肠道停留时间，及早协助排出人体废物。愿你多吃蔬菜，幸福多多。

10. 不宜生食的蔬菜，土豆芋艿和山药，富含淀粉须熟吃，否则人体难消化;豆类蔬菜的籽粒，还有土豆薯块中，蕴含有毒蛋白质，人食入后有危害，务必烧熟煮透食;地上生长绿叶菜，泼浇粪尿和农药，造成污染难去除，当然熟吃利健康。

第 10 章　Excel 2010 操作题

【第 1 题】

打开“D:\4969”文件夹中的文件“excel1. xlsx”在工作表 Sheet1 中进行以下操作并保存。

（1）将工作表 Sheet1 改名为“统计表”；

（2）将单元格区域 A1：D1 合并后居中，字体为幼圆，加粗，字号为 16；

（3）完成单元格区域 A3：A9 中日期的自动填充；

（4）将 A 至 D 列的列宽设为 13；

（5）在单元格区域 B10：D10 中用函数计算出各项的平均气温；

（6）设置单元格区域 B10：D10 的数字分类为“数值”，不保留小数位；

（7）在表格下方插入图表，数据源为“日期”和“温差”，图表类型为带数据标记的折线图；

（8）保存工作簿并关闭 Excel 应用程序。

【第 1 题样文】

某市一周气温统计			
日期	最高气温（℃）	最低气温（℃）	温差（℃）
星期日	15	8	7
星期一	16	10	6
星期二	18	14	4
星期三	21	12	9
星期四	17	9	8
星期五	16	11	5
星期六	14	7	7
各项平均值：	17	10	7

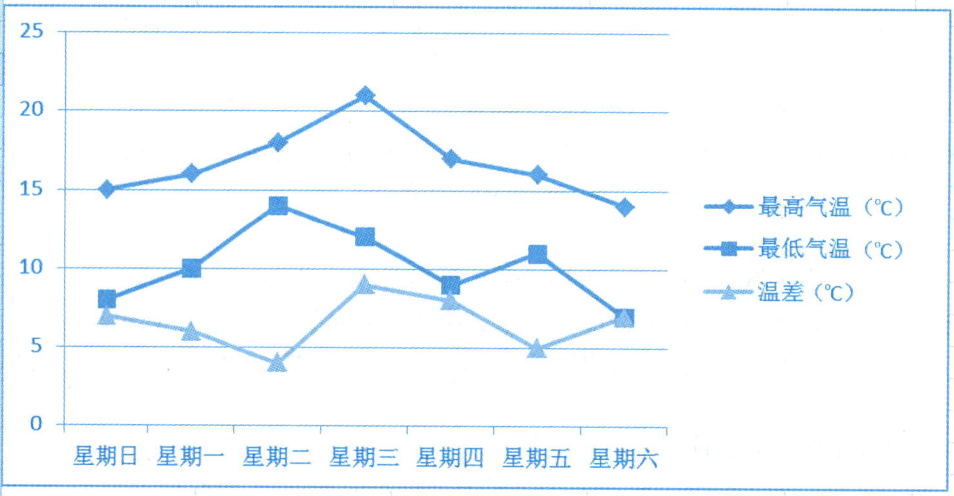

【第 2 题】

打开“D:\4970”文件夹中的文件“excel2. xlsx”在工作表 Sheet1 中进行以下操作并保存。

（1）将 A1：E1 单元格合并后居中，字体为隶书，字号为 20，颜色为“深蓝”；

（2）将表头部分日期、标号、单价（元/升）、销量（升）、销售额（元）填充“橙色”背景；

（3）用公式计算所有成品油每个月的销售额；

（4）设置单元格区域 A2：E25 外框（双实线）、内部（单实线）；

（5）将工作表中的数据以“日期”为关键字，升序排序；

（6）将工作表中的数据分类汇总，分类字段为“日期”，汇总方式为“求和”，汇总项为“销量”；

（7）删除工作表 Sheet2；

（8）保存工作簿并关闭 Excel 应用程序。

【第 2 题样文】

	A	B	C	D	E
1	某加油站上半年销售统计				
2	日期	标号	单价（元/升）	销量（升）	销售额（元）
3	二月	0号柴油	6.65	54223	360582.95
4	二月	92号汽油	7.02	36440	255808.8
5	二月	95号汽油	7.42	45482	337476.44
6	二月 汇总			136145	
7	六月	0号柴油	6.58	34965	230069.7
8	六月	92号汽油	7.00	39275	274925
9	六月	95号汽油	7.47	55938	417856.86
10	六月 汇总			130178	
11	三月	0号柴油	6.63	44386	294279.18
12	三月	92号汽油	7.00	22280	155960
13	三月	95号汽油	7.45	38455	286489.75
14	三月 汇总			105121	
15	四月	0号柴油	6.73	27968	188224.64
16	四月	92号汽油	7.10	48375	343462.5
17	四月	95号汽油	7.51	59077	443668.27
18	四月 汇总			135420	
19	五月	0号柴油	6.64	19277	127999.28
20	五月	92号汽油	7.01	73005	511765.05
21	五月	95号汽油	7.45	36170	269466.5
22	五月 汇总			128452	
23	一月	0号柴油	6.69	41994	280939.86
24	一月	92号汽油	7.03	61125	429708.75
25	一月	95号汽油	7.49	82965	621407.85
26	一月 汇总			186084	
27	总计			821400	

【第 3 题】

打开“D:\4971”文件夹中的文件“excel3. xlsx”在工作表 Sheet1 中进行以下操作并保存。

(1) 将 A1：B1 单元格合并后居中；

(2) 将单元格区域 A1 字号设为 16，A、B 两列的列宽设为 18；

(3) 将单元格区域 A2：B11 中的所有内容水平居中；

(4) 将单元格区域 A1 文字颜色设为“蓝色”；

(5) 将单元格区域 A2：B2 填充“浅绿”背景；

(6) 在表格下方插入图表，数据源是“日期”和“出入境人次”，图表类型是柱形图中的“簇状柱形图”，图表标题改为“出入境人次统计”；

(7) 插入工作表 Sheet2，并放在 Sheet1 后面；

(8) 保存工作簿并关闭 Excel 应用程序。

【第 3 题样文】

某口岸出入境人次统计

日期	出入境人次
1月28日	197832
1月29日	175621
1月30日	126425
1月31日	152341
2月1日	118653
2月2日	142233
2月3日	181241
2月4日	176137
2月5日	141106

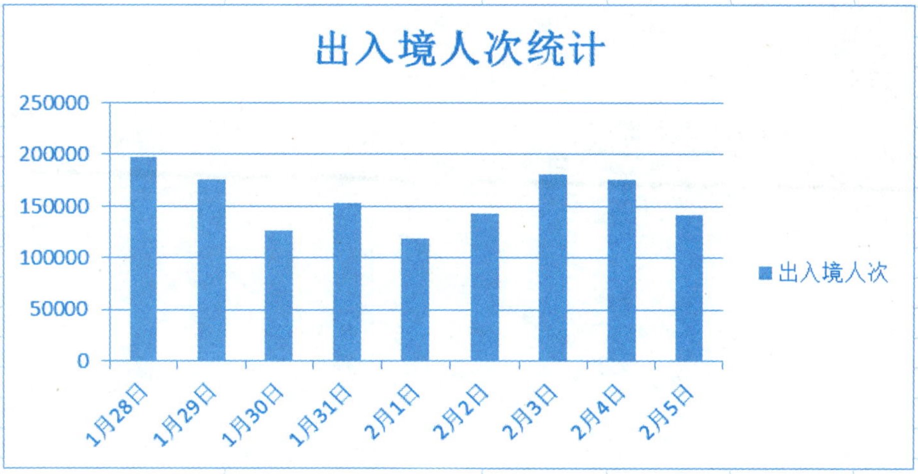

【第 4 题】

打开“D:\4973”文件夹中的文件“excel4. xlsx”在工作表 Sheet1 中进行以下操作并保存。

（1）将工作表 Sheet1 改名为“售票统计”；

（2）将 A1：G1 单元格合并后居中；

（3）设置合并后的 A1 单元格字体为隶书，字号为 20，颜色为“蓝色”，填充“浅绿”背景；

（4）在单元格区域 A3：A22 完成“报表序号”的自动填充；

（5）用函数计算出每日各车次的售票总量；

（6）将单元格区域 B3：B22 的数字分类设为“日期”中的“3 月 14 日”；

（7）自动筛选出“G2901”车次，并且“二等座售票数量低于 400”的记录；

（8）保存工作簿并关闭 Excel 应用程序。

【第 4 题样文】

	A	B	C	D	E	F	G
1	某车站部分车次售票统计						
2	报表序号	日期	车次	商务座	一等座	二等座	售票总量
8	SP0006	2月2日	G2901	7	84	389	480
16	SP0014	2月4日	G2901	9	86	399	494
20	SP0018	2月5日	G2901	10	78	388	476

【第 5 题】

打开“D:\4974”文件夹中的文件“excel5. xlsx”在工作表 Sheet1 中进行以下操作并保存。

（1）将 A1：E1 单元格合并后居中；

（2）设置合并后的 A1 单元格字体为仿宋，加粗，字号为 16；

（3）将 2 至 7 行的行高设为 20；

（4）将 A 至 E 列的列宽设为 10；

（5）设置单元格区域 C3：E6 的数字分类为“货币”，小数位 2 位，货币符号用“¥”；

（6）用函数计算出各标号成品油均价；

（7）将单元格区域 A2：E7 设为单元格样式中的“输出”；

（8）保存工作簿并关闭 Excel 应用程序。

【第 5 题样文】

	A	B	C	D	E
1	部分地区今日国内油价				
2	时间	地区	0号柴油	92号汽油	95号汽油
3	2018-2-4	北京	¥6.60	¥7.03	¥7.49
4	2018-2-4	天津	¥6.65	¥7.02	¥7.40
5	2018-2-4	上海	¥6.63	¥7.00	¥7.45
6	2018-2-4	重庆	¥6.73	¥7.10	¥7.51
7	各标号成品油均价:		¥6.65	¥7.04	¥7.46

【第 6 题】

打开“D:\4975”文件夹中的文件“excel6.xlsx”在工作表 Sheetl 中进行以下操作并保存。

（1）将 A1：D1 单元格合并后居中，字体设置为隶书，字号为 20，颜色“深红”；

（2）完成单元格区域 A3：A13 员工编号的自动填充；

（3）将第 2 至 16 行行高设为 20，A 至 D 列的列宽设为 10；

（4）在单元格 C14 用函数计算出总销售额；

（5）在单元格 C15，C16 中用函数计算出最高销售额和最低销售额；

（6）用公式计算出每个员工的销售占比（销售占比＝销售额/总销售额）；

（5）将单元格区域 D3：D13 的数字分类设为“百分比”，保留 2 位小数；

（7）用条件格式的“突出显示单元格规则”将 C3：C13 中销售额大于 20 000 的单元格设置为“黄填充色深黄色文本”；

（8）保存工作簿并关闭 Excel 应用程序。

【第 6 题样文】

	A	B	C	D
1	销售统计			
2	员工编号	姓名	销售额（元）	销售占比
3	XS001	李牧	43345	17.99%
4	XS002	郝明	27133	11.26%
5	XS003	周志	7454	3.09%
6	XS004	兰欣瑜	45686	18.96%
7	XS005	李政欣	21155	8.78%
8	XS006	李小兰	15566	6.46%
9	XS007	李曼	3412	1.42%
10	XS008	张婷	34456	14.30%
11	XS009	李娟	12456	5.17%
12	XS010	陈宇	21235	8.81%
13	XS011	胡妤	9050	3.76%
14		总销售额：	240948	
15		最高销售额：	45686	
16		最低销售额：	3412	

【第 7 题】

打开“D:\4976”文件夹中的文件“excel7. xlsx”在工作表 Sheet1 中进行以下操作并保存。

（1）将工作表 Sheet1 改名为“统计表”；

（2）将 A1：E1 单元格合并后居中；

（3）设置合并后的 A1 单元格字体为华文行楷，字号为 16，颜色为“紫色”，填充“橙色”背景；

（4）在单元格区域 A3：A12 完成学号的自动填充；

（5）用函数计算出平均身高和体重，不保留小数；

（6）将单元格区域 A2：E13 设置为“所有框线”；

（7）用自动筛选的方式，筛选出所有身高大于 170CM 的男生记录；

（8）保存工作簿并关闭 Excel 应用程序。

【第 7 题样文】

	A	B	C	D	E
1	高三学生身体素质统计				
2	编号	姓名	性别	身高（CM）	体重（KG）
3	S001	赵宏	男	179	79.6
4	S002	李云	女	175	65.4
5	S003	张青云	男	190	72.5
10	S008	张迈	男	187	85.6
11	S009	李娟	女	173	67.8
12	S010	陈磊	男	177	78.5
13			平均值：	173	70

【第 8 题】

打开“D:\4977”文件夹中的文件“excel8. xlsx”在工作表 Sheet1 中进行以下操作并保存。

（1）将 Sheet1 工作表改名为“统计表”；

（2）将 A1：H1 单元格合并后居中，设置字体为黑体，字号为 18，颜色为“蓝色”，填充“橙色”背景；

（3）设置第 2 至 12 行的行高为 18，A 至 H 列的列宽为 10；

（4）在单元格区域 A3：A12 完成“学号”的自动填充；

（5）计算每位学生的平均分，结果保留 1 位小数；

（6）利用条件格式的“突出显示单元格规则”将 C3：G12 中“大于 9. 0”的评分设置为“浅红填充色深红色文本”；

（7）设置单元格区域 A2：H12 的外边框为双实线，内部为单实线，内容设置为水平居中；

（8）保存工作簿并关闭 Excel 应用程序。

【第 8 题样文】

	A	B	C	D	E	F	G	H
1	评分统计表							
2	学号	姓名	评审一	评审二	评审三	评审四	评审五	平均分
3	GZ2015001	陈迹	8.8	8.9	9.3	9.1	8.9	9.0
4	GZ2015002	陈晨	8.7	8.8	9.0	9.0	8.6	8.8
5	GZ2015003	罗素	8.9	9.1	9.0	8.7	8.9	8.9
6	GZ2015004	张琳	8.6	8.7	8.9	9.0	8.8	8.8
7	GZ2015005	张高	8.8	8.9	9.0	9.0	8.6	8.9
8	GZ2015006	杨云	9.4	9.1	9.6	8.8	9.1	9.2
9	GZ2015007	陈寒	9.0	9.4	9.3	8.6	8.7	9.0
10	GZ2015008	孙昌	8.9	8.9	9.4	9.2	8.9	9.1
11	GZ2015009	王丹	9.5	9.2	9.2	9.6	8.9	9.3
12	GZ2015010	柳明	9.3	9.0	8.7	9.4	9.0	9.1

【第 9 题】

打开“D:\4978”文件夹中的文件“excel9. xlsx”在工作表 Sheet1 中进行以下操作并保存。

(1) 将单元格 A1 设置字体为华文新魏，字号为 18；

(2) 将 A 至 D 列的列宽设置为 12；

(3) 将 A15：B15 单元格合并后居中；

(4) 用公式或函数分别计算各商品的“销售额”及“最高销量”；

(5) 设置单元格区域 D3：D14 的数字分类为“货币”，小数位保留 1 位，货币符号用“¥”；

(6) 选择单元格区域 A2：D14，以“销售额”为关键字降序排列；

(7) 设置单元格区域 A2：D15 的外边框为双实线，内部为单实线；并填充“浅绿”背景；

(8) 保存工作簿并关闭 Excel 应用程序。

【第 9 题样文】

	A	B	C	D
1	某超市部分生鲜销售统计			
2	品类	单价（元）	销量（斤）	销售额（元）
3	四季豆	5.28	226	¥1,193.3
4	豆角	4.56	256	¥1,167.4
5	韭菜	6.86	97	¥665.4
6	茄子	2.28	286	¥652.1
7	蒜苗	5.56	112	¥622.7
8	葱	8.88	63	¥559.4
9	大蒜	7.28	56	¥407.7
10	包菜	1.26	312	¥393.1
11	大白菜	0.86	412	¥354.3
12	香菜	15	23	¥345.0
13	生菜	1.59	178	¥283.0
14	豆芽	1.56	65	¥101.4
15	最高销量：		412	

【第 10 题】

打开“D:\4979”文件夹中的文件“excel10.xlsx”进行以下操作并保存。

（1）将 A1：G1 单元格合并后居中，设置字体为楷体，字号为 20，颜色为“深蓝”；

（2）用函数计算出所有车型四个季度的“总销量”和“平均销量”；

（3）将单元格区域 A2：G8 的水平对齐方式设为居中；

（4）设置单元格区域 G3：G8 数字分类为数值型，不保留小数位；

（5）将单元格区域 A2：G8 以“总销量”为关键字降序排序；

（6）利用条件格式的“突出显示单元格规则”将 B3：E8 中大于 80 的销量设置为“浅红填充色深红色文本”；

（7）设置单元格区域 A2：G8 外边为双实线，内部为单实线；

（8）保存工作簿并关闭 Excel 应用程序。

【第 10 题样文】

	A	B	C	D	E	F	G
1	汽车销量统计						
2	车型	一季度	二季度	三季度	四季度	总销量	平均销量
3	1.8舒适性	147	153	167	97	564	141
4	1.8基本型	137	180	135	101	553	138
5	1.4舒适性	123	140	117	102	482	121
6	1.8豪华型	71	88	74	36	269	67
7	2.0舒适型	40	48	49	36	173	43
8	2.0尊贵型	32	60	46	35	173	43

【第 11 题】

打开“D:\5554”文件夹中的文件“excel1. xlsx”，进行以下操作并保存。

（1）将单元格区域 A1：F1 合并后居中，字体为隶书，字号为 20，颜色为“深红色”；

（2）将单元格区域 A3：A12 中的序号按顺序填充完整；

（3）将 D 至 F 列的列宽设为 15；

（4）计算出每种马桶盖的成交额（成交额=产品销量×价格）；

（5）将单元格区域 F3：F12 的数字分类设为货币，小数位 2 位，货币符号为“¥”；

（6）在表格下方插入图表，数据源为“C2：C12”和“F2：F12”，图表类型为簇状柱形图，图表标题更改为“双 11 智能马桶盖销量前十统计图”；

（7）将工作表 Sheetl 重命名为“厨卫销量表”；

（8）保存文档并关闭 Excel 应用程序。

【第 11 题样文】

双11智能马桶盖销量前十

序号	品牌	产品型号	产品销量	价格	成交额
1	松下	1125	1695	1999	3,388,305.00
2	美标	多功能智能盖板	1018	1499	1,525,982.00
3	TOTO	TCF343CS-2	715	2699	1,929,785.00
4	松下	DL-1110CWS	658	1599	1,052,142.00
5	恒洁	HZ923B-CV03	608	999	607,392.00
6	TOTO	TCF6451CS	603	2599	1,567,197.00
7	星星便洁宝	BF601C	546	962	525,252.00
8	思玛科	SMC-3500	280	1799	503,720.00
9	科勒	K-4107T-0 C3-130	177	3599	637,023.00
10	科勒	18649T-0	183	2599	475,617.00

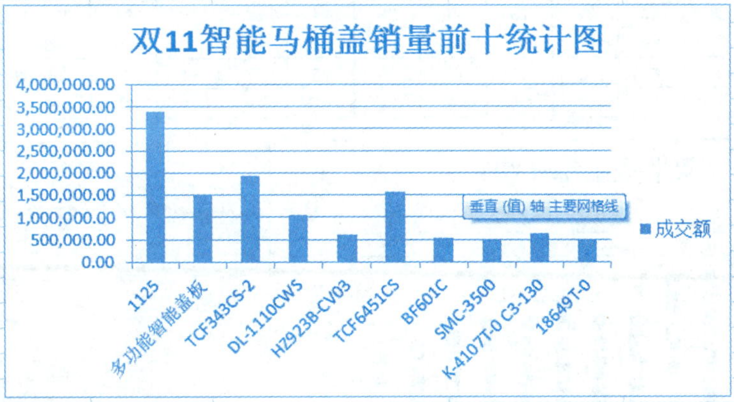

【第 12 题】

打开“D:\5555”文件夹中的文件“excel12. xlsx”，进行以下操作并保存。

（1）将 A1：N1 单元格合并后居中，字体为华文彩云，字号为 20，将 A2：N2 单元格底纹填充颜色为“黄色”；

（2）用函数计算所有学生的总分、平均分（小数位保留 2 位）；

（3）将单元格区域 A2：N16 以“总分”为主要关键字，降序排序；

（4）设置单元格区域 A2：N16 所有边框为细单实线；

（5）设置第一行行高 30，其余各行行高 18；

（6）在表格下方插入图表，数据源为“B2：B16”和“M2：M16”，图表类型为簇状柱形图，图表标题更改为“期中成绩统计图”；

（7）在工作表 Sheet1 后面插入工作表 Sheet2；

（8）保存文档并关闭 Excel 应用程序。

【第 12 题样文】

学号	姓名	性别	语文	数学	英语	物理	化学	生物	政治	历史	地理	总分	平均分
20171002	赵礼仪	女	93	89	97	77	97	77	89	97	89	805	89.44
20171013	李天心	男	88	87	92	97	83	97	88	84	88	804	89.33
20171001	陈文生	男	97	77	89	85	75	93	86	89	97	788	87.56
20171004	宋丽丽	男	90	84	78	86	88	78	90	90	84	768	85.33
20171005	吴敏洁	男	89	88	76	92	76	92	89	76	89	767	85.22
20171003	杨心文	男	78	88	85	80	90	90	88	86	78	763	84.78
20171008	徐媛媛	女	84	78	86	89	86	89	78	86	78	754	83.78
20171014	丁高文	女	97	65	88	87	88	87	84	88	65	749	83.22
20171007	宁向晨	女	74	76	89	88	89	88	76	89	76	745	82.78
20171010	颜如雅	女	89	89	67	85	67	85	89	67	89	727	80.78
20171006	高雅	男	86	72	78	91	78	74	82	78	86	725	80.56
20171011	王莉	男	78	67	78	94	78	94	78	78	78	723	80.33
20171009	张磊磊	女	67	85	86	89	85	75	67	84	67	705	78.33
20171012	吴仲	女	94	78	78	67	78	67	78	78	78	696	77.33

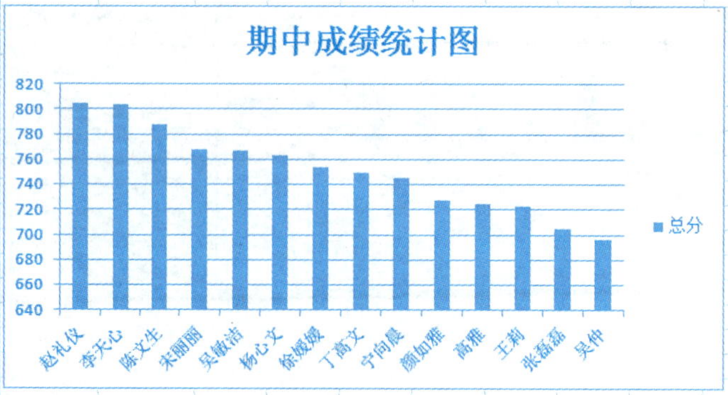

【第 13 题】

打开“D:\5556”文件夹中的文件“excel13. xlsx”，进行以下操作并保存。

(1) 将 A1：G1 单元格合并居中，字体为华文行楷，字号为 24，颜色为“红色”；

(2) 将单元格区域 A2：G2 底纹颜色设为“橙色”；

(3) 利用函数或公式计算出综合影响力（综合影响力为各景区新媒体影响力、关注度、美誉度的平均值）；

(4) 将单元格区域 D3：G35 的条件格式设为“突出显示单元格规则”，大于 70 的数据设为“浅红色填充”；

(5) 将单元格区域 A2：G35 按“所属省份”升序排序；

(6) 将表格数据分类汇总，分类字段为“所属省份”，汇总方式为“计数”，汇总项为“5A 级旅游景区名称”，汇总结果显示在数据下方；

(7) 删除工作表 Sheet2；

(8) 保存文档并关闭 Excel 应用程序。

【第 13 题样文】

	A	B	C	D	E	F	G
1	2018年上半年5A级旅游景区综合影响力排行榜						
2	排序	5A级旅游景区名称	所属省份	新媒体影响力	关注度	美誉度	综合影响力
3	2	黄山风景区	安徽省	67.49	89.79	80.67	79.32
4		1	安徽省 计数				
5	1	故宫博物馆	北京	80.80	93.78	92.02	88.87
6	9	颐和园	北京	55.10	78.81	70.77	68.23
7		2	北京 计数				
8	13	广州市长隆旅游度假区	广东省	63.96	41.00	82.86	62.61
9	14	深圳市华侨城旅游度假区	广东省	50.80	61.23	77.38	63.14
10		2	广东省 计数				
11	15	承德避暑山庄及周围寺庙景区	河北省	72.96	45.85	59.10	59.30
12		1	河北省 计数				
13	12	云台山风景名胜区	河南省	73.35	44.96	74.36	64.22
14		1	河南省 计数				
15	16	神农架旅游区	湖北省	47.12	55.48	79.70	60.77
16		1	湖北省 计数				
17	5	长白山景区	吉林省	55.71	89.40	73.73	72.95
18		1	吉林省 计数				
19	19	中山陵园风景区	江苏省	61.15	39.90	73.39	58.15
20		1	江苏省 计数				
21	20	三清山旅游景区	江西省	67.78	35.89	67.74	57.14
22		1	江西省 计数				
23	6	泰山景区	山东省	71.40	68.40	74.73	71.51
24		1	山东省 计数				
25	7	华山景区	陕西省	69.51	59.82	80.03	69.79
26		1	陕西省 计数				
27	3	峨眉山景区	四川省	76.05	82.60	69.04	75.90
28	4	九寨沟旅游景区	四川省	69.59	80.25	76.05	75.30
29		2	四川省 计数				
30	18	拉萨市大昭寺	西藏自治区	50.51	47.95	79.70	59.39
31		1	藏自治区 计数				
32	8	杭州西湖风景名胜区	浙江省	54.54	75.45	75.71	68.57
33	10	杭州千岛湖风景名胜区	浙江省	67.50	76.07	56.45	66.67
34	11	乌镇古镇旅游区	浙江省	64.02	60.57	71.40	65.33
35	17	金华市东阳横店影视城景区	浙江省	60.56	34.62	79.70	58.29
36		4	浙江省 计数				
37		20	总计数				

【第 14 题】

打开“D:\5557”文件夹中的文件“excel14. xlsx”，进行以下操作并保存。

（1）将 A1：G1 单元格合并后居中，字体为楷体，字号为 22；

（2）用公式求出“完成率”（完成率＝已完成量/业务量），并设置为百分比，小数保留 2 位；

（3）将第 2 行至第 12 行行高设置为 16；

（4）将单元格区域 A2：G12 的水平对齐方式为居中；

（5）将单元格区域 A2：G12 的外边框线设为双实线，内部框线设为细单实线；

（6）在单元格区域 A2：G12 进行自动筛选，选出“完成率”大于 80％的数据；

（7）在工作表 Sheet1 后插入新工作表 Sheet2；

（8）保存文档并关闭 Excel 应用程序。

【第 14 题样文】

	A	B	C	D	E	F	G
1	项目指标进度表						
2	员工编号	姓名	项目编号	项目名称	业务量	已完成量	完成率
5	GL1003	蔡雯雯	K003	空调销售	200	182	91.00%
6	GL1004	张德文	K003	空调销售	300	269	89.67%
7	GL1005	李秀爱	B002	冰箱销售	400	324	81.00%
10	GL1008	李克琼	P006	手机销售	450	369	82.00%
11	GL1009	韩礼仪	P006	手机销售	500	412	82.40%
12	GL1010	邹佳良	T001	电视机销售	400	321	80.25%

【第 15 题】

打开“D:\5558”文件夹中的文件“excel15. xlsx”，进行以下操作并保存。

（1）将“员工编号”列与“姓名”列的位置对调；

（2）将 A1：I1 单元格合并后居中，字体为黑体，字号为 20，单元格底纹填充颜色为“红色，强调文字颜色 2，淡色 40%”；

（3）将第 2 行至 17 行行高设为 18；

（4）利用公式计算实发工资（实发工资＝工资总和－扣款）；

（5）将单元格区域 A2：I17 的单元格样式设置为“40%－强调文字颜色 5”；

（6）将单元格区域 E3：E17 的条件格式设置为“项目选取规则”中“高于平均值”的“黄填充色深黄色文本”；

（7）将工作表 Sheet2 删除；

（8）保存文档并关闭 Excel 应用程序。

【第 15 题样文】

	A	B	C	D	E	F	G	H	I
1	2018年7月份员工工资表								
2	员工编号	姓名	部门	底薪	提成	业绩奖励	工资总和	扣款	实发工资
3	SN-001	赵明	研发部	3 500	2 800	280	6 580	423	6 157
4	SN-002	孙小伟	财务部	3 500	1 585	300	5 385	514	4 871
5	SN-003	罗晶晶	市场部	3 400	3 568	250	7 218	350	6 868
6	SN-004	刘云	研发部	3 200	2 546	230	5 976	346	5 630
7	SN-005	陈少辉	市场部	3 000	1 532	210	4 742	456	4 286
8	SN-006	李小平	市场部	3 000	1 658	210	4 868	365	4 503
9	SN-007	郑曦	研发部	3 500	1 203	110	4 813	256	4 557
10	SN-008	刘国阳	市场部	3 300	2 058	120	5 478	423	5 055
11	SN-009	张启明	行政部	3 200	3 015	130	6 345	396	5 949
12	SN-010	李秀云	财务部	3 500	1 450	110	5 060	523	4 537
13	SN-011	陈琦	行政部	3 600	2 841	200	6 641	412	6 229
14	SN-012	李于萍	研发部	3 400	1 056	240	4 696	348	4 348
15	SN-013	江惠佳	行政部	3 500	3 025	140	6 665	369	6 296
16	SN-014	罗秀奇	财务部	3 300	1 420	230	4 950	312	4 638
17	SN-015	黄轩	财务部	3 100	1 650	120	4 870	485	4 385

【第 16 题】

打开“D:\5559”文件夹中的文件“excel16. xlsx”，进行以下操作并保存。

（1）将 A1：H1 单元格合并后居中，字体设置为楷体，加粗，字号为 22；

（2）将第 2 至 23 行行高设为 20，A 至 H 列的列宽设为 12；

（3）分别在单元格区域 D22：H22、D23：H23 中用函数计算出工作业绩、工作态度、工作能力、总评分和奖金的最大值和最小值；

（4）设置单元格区域 H3：H23 的数字分类为“货币”，小数位 2 位，货币符号用“￥”；

（5）将单元格区域 A2：H21 套用表格格式“表样式中等深浅 3”，勾选“表包含标题”；

（6）利用自动筛选功能，选出部门是“研发”、岗位是“软件开发”，奖金大于 3 800 的数据；

（7）将工作表 sheetl 重命名为“评分表”；

（8）保存文档并关闭 Excel 应用程序。

【第 16 题样文】

	A	B	C	D	E	F	G	H
1	××公司员工综合素质评分表							
2	姓名	部门	岗位	工作业绩	工作态度	工作能力	总评分	奖金
5	刘文军	研发	软件开发	79	84	80	81.0	¥4, 050. 00
12	曹丽丽	研发	软件开发	84	79	80	81.0	¥4, 050. 00
16	罗雨琼	研发	软件开发	86	75	68	76.3	¥3, 816. 67
22	最大值			93	93	97	91.7	¥4, 583. 33
23	最小值			75	61	62	71.3	¥3, 566. 67

第 11 章　PowerPoint 2010 操作题

【第 1 题】

打开“D:\4980”文件夹下的文件“演示文稿 1. pptx”进行以下操作并保存！

(1) 在演示文稿开始处插入一张版式为“仅标题”的幻灯片，作为文稿的第一张幻灯片，标题键入“飞鹤展翅”，设置为：华文行楷、加粗、72 磅；

(2) 使用“跋涉”模板修饰全文；幻灯片背景样式设置为“样式 9”；

(3) 将第二张幻灯片中图片的动画效果设置为：进入动画“翻转式由远及近”，“上一动画之后”开始；

(4) 将幻灯片的切换效果设置成“旋转”“自左侧”，应用于全部幻灯片；

(5) 保存演示文稿并关闭 PowerPoint 程序。

【第 1 题样文】

【第 2 题】

打开“D:\4981”文件夹下的文件“演示文稿 2. pptx”进行以下操作并保存！

（1）在演示文稿开始处插入一张“标题幻灯片”，作为文稿的第一张幻灯片，标题键入“迎新晚会”，设置为华文彩云、加粗、80 磅；

（2）使用“华丽”模板修饰全文；幻灯片背景样式设置为“样式 10”；

（3）将第二张幻灯片中图片的动画效果设置为：退出动画“收缩并旋转”；

（4）将幻灯片的切换效果设置成“窗口”“水平”，应用于全部幻灯片；

（5）保存演示文稿并关闭 PowerPoint 程序。

【第 2 题样文】

【第 3 题】

打开“D:\4982”文件夹下的文件“演示文稿 3. pptx”进行以下操作后并保存！

（1）在演示文稿开始处插入一张版式为“仅标题”的幻灯片，作为文稿的第一张幻灯片，标题键入“放飞梦想”，设置为：华文隶书、倾斜、36 磅；

（2）使用“精装书”模板修饰全文；幻灯片背景样式设置为“样式 6”；

（3）将第二张幻灯片中图片的动画效果设置为：进入动画“基本旋转”“垂直”“单击时”开始；

（4）在第一张幻灯片中插入“D:\4982 \ mx. mid”背景音乐，“跨幻灯片播放”，“放映时隐藏”；

（5）保存演示文稿并关闭 PowerPoint 程序。

【第 3 题样文】

【第 4 题】

打开“D:\4983”文件夹下的文件“演示文稿 4. pptx”进行以下操作后并保存！

（1）在演示文稿开始处插入一张“标题幻灯片”，作为文稿的第一张幻灯片，标题键入“茶道人生”，设置为：方正舒体、加粗、72 磅；

（2）使用“技巧”模板修饰全文；幻灯片背景样式设置为“样式 11”；

（3）将第二张幻灯片中图片的动画效果设置为：进入动画“轮子”“8 轮辐图案（8）”“单击时”开始；

（4）将幻灯片的切换效果设置成“切换”“向左”，应用于全部幻灯片；

（5）保存工作簿并关闭 PowerPoint 程序。

【第 4 题样文】

【第 5 题】

打开“D:\4984”文件夹下的文件“演示文稿 5. pptx”进行以下操作并保存！

（1）在演示文稿开始处插入一张版式为“仅标题”的幻灯片，作为文稿的第一张幻灯片，标题键入“世界地图”，设置为：华文彩云、54 磅；

（2）使用“行云流水”模板修饰全文，幻灯片背景样式设置为“样式 3”；

（3）将第二张幻灯片中图片的动画效果设置为：进入动画“缩放”“幻灯片中心”“上一动画之后”开始；

（4）在第一张幻灯片中插入“D:\4984 \ dt. mid”背景音乐，“跨幻灯片播放”，“放映时隐藏”；

（5）保存演示文稿并关闭 PowerPoint 程序。

【第 5 题样文】

【第 6 题】

打开“D:\4985”文件夹下的文件“演示文稿 6. pptx”进行以下操作并保存!

（1）在演示文稿开始处插入一张“标题幻灯片”，作为文稿的第一张幻灯片，标题键入“太阳风暴”，设置为：华文隶书、倾斜、66 磅；

（2）第二张幻灯片的文本，文字方向设置为：竖排；使用“活力”模板修饰全文，幻灯片背景样式设置为“样式 12”；

（3）将第二张幻灯片中文本的动画效果设置为：退出动画“擦除”“自顶部”“与上一动画同时”开始；

（4）将幻灯片的切换效果设置成“库”“自左侧”，应用于全部幻灯片；

（5）保存演示文稿并关闭 PowerPoint 程序。

【第 6 题样文】

【第 7 题】

打开“D:\4986”文件夹下的文件“演示文稿 7. pptx”进行以下操作后并保存！

(1) 在演示文稿开始处插入一张版式为“仅标题”的幻灯片，作为文稿的第一张幻灯片，标题键入“恭贺新春”，设置为：幼圆、加粗、60 磅；

(2) 使用“气流”模板修饰全文；幻灯片背景样式设置为“样式 2”。

(3) 将第二张幻灯片中的图片动画效果设置为：进入动画“翻转式由远及近”；

(4) 将幻灯片的切换效果设置成“平移”“自右侧”，应用于全部幻灯片；

(5) 保存演示文稿并关闭 PowerPoint 程序。

【第 7 题样文】

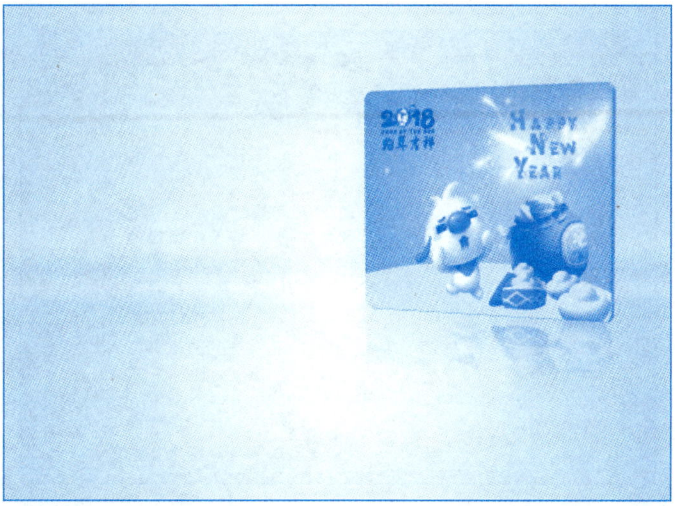

【第 8 题】

打开“D:\4987”文件夹下的文件“演示文稿 8. pptx”进行以下操作后并保存！

（1）在演示文稿开始处插入一张“标题幻灯片”，作为文稿的第一张幻灯片，标题键入“春运回家”，设置为：华文仿宋、加粗、72 磅；

（2）使用“波形”模板修饰全文；幻灯片背景样式设置为“样式 9”；

（3）将第二张幻灯片中文本的动画效果设置为：进入动画“浮入”“下浮”“上一动画之后”开始；

（4）将幻灯片的切换效果设置成“立方体”“自底部”，应用于全部幻灯片；

（5）保存演示文稿并关闭 PowerPoint 程序。

【第 8 题样文】

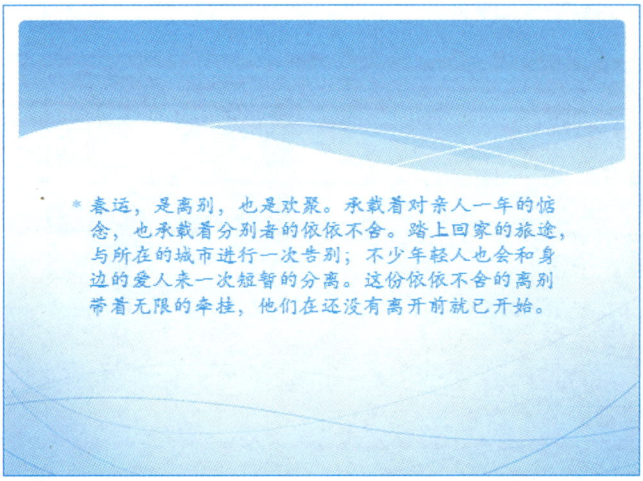

【第 9 题】

打开“D:\4988”文件夹下的文件“演示文稿 9. pptx”进行以下操作后并保存！

（1）在演示文稿开始处插入一张版式为“仅标题”的幻灯片，作为文稿的第一张幻灯片，标题键入“节水标志”，设置为：仿宋、加粗、66 磅；

（2）使用“龙腾四海”模板修饰全文；幻灯片背景样式设置为“样式 10”；

（3）将第二张幻灯片中文本的动画效果设置为：进入动画“随机线条”“垂直”“与上一动画同时”开始；

（4）在第一张幻灯片中插入“D:\4988 \ js. mid”背景音乐，“自动”“放映时隐藏”；

（5）保存演示文稿并关闭 PowerPoint 程序。

【第 9 题样文】

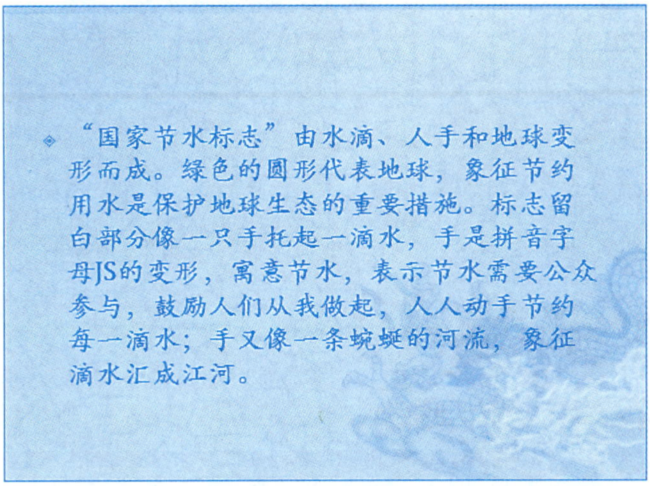

【第 10 题】

打开“D:\4989”文件夹下的文件“演示文稿 10. pptx”进行以下操作后并保存。

（1）在演示文稿开始处插入一张“标题幻灯片”，作为文稿的第一张幻灯片，标题键入“新课程与教学改革”，设置为：黑体、加粗、60 磅；

（2）使用“凤舞九天”模板修饰全文；幻灯片背景样式设置为“样式 3”；

（3）将第二张幻灯片中文本的动画效果设置为：进入动画“切入”“自右侧”“与上一动画同时”开始；

（4）将幻灯片的切换效果设置成“框”“自底部”，应用于全部幻灯片；

（5）保存文档并关闭 PowerPoint 程序。

【第 10 题样文】

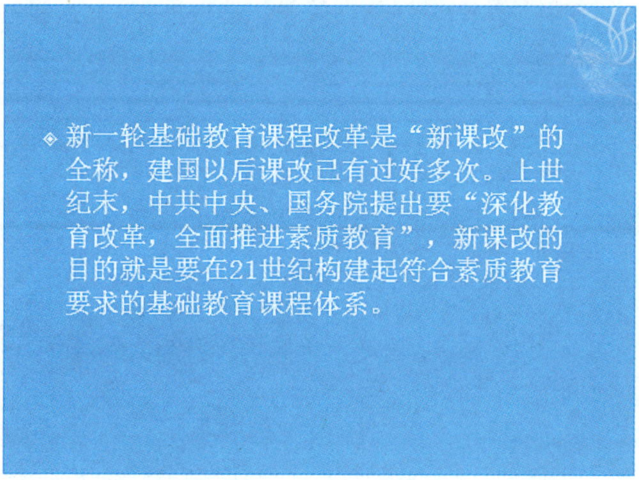

【第 11 题】

打开“D:\5544”文件夹下的文件“崀山 . ppt”进行以下操作后并保存。

(1) 在第 1 张幻灯片中，设置标题“崀山”的字体为：幼圆、60 磅；设置正文内容的字体为：华文楷体；

(2) 在第 2 张幻灯片中，选中文字“将军石”，创建超链接到幻灯片“5. 将军石”；

(3) 在第 3 张幻灯片中，设置图片的动画效果为：进入动画“随机线条”，效果选项为“垂直”开始为“上一动画之后”；

(4) 在第 4 张幻灯片中，修改版式为“两栏内容”，并在右栏内容区中插入“D:\5544”下的图片“pic. jpg”；

(5) 设置幻灯片的切换效果为“旋转”，效果选项为“自左侧”，并应用于全部幻灯片；

(6) 使用“波形”主题修饰全文，背景样式设置为“样式 6”；

(7) 完成后直接保存，并关闭 PowerPoint 程序。

【第 11 题样文】

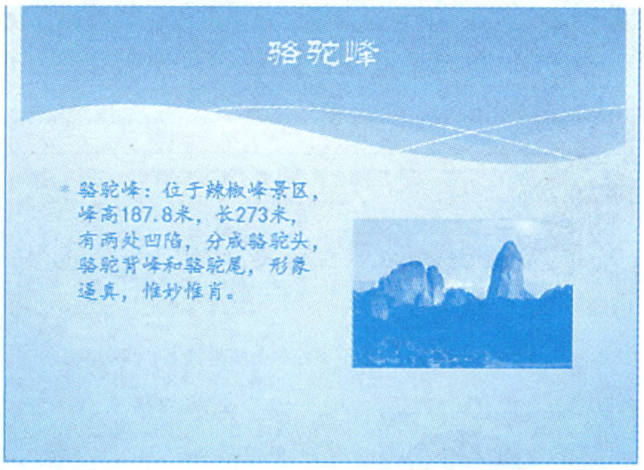

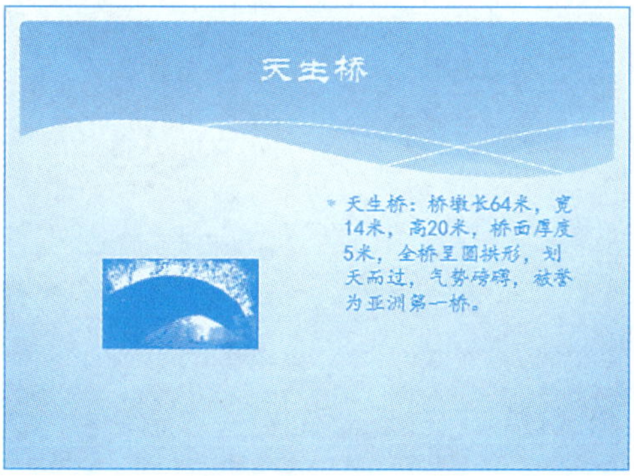

将军石
将军石：何家湾对面山上有块大石头，远看就似披着披风的大将军临水立于扶夷江畔。位于芙夷江景区，海拔399.5米，石柱净高75米，周长40米，沿夫夷江漂流而下，只见将军石背负青天，下临夫夷江，昂首挺胸，披坚执锐，虎虎声威。

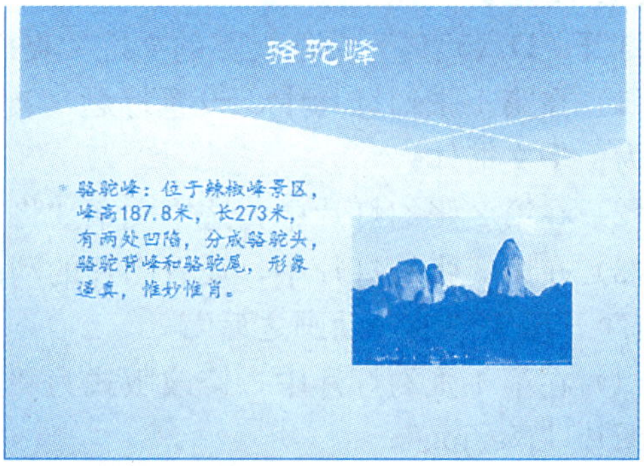
骆驼峰
骆驼峰：位于辣椒峰景区，峰高187.8米，长273米，有两处凹陷，分成骆驼头，骆驼背峰和骆驼尾，形象逼真，惟妙惟肖。

天生桥
天生桥：桥墩长64米，宽14米，高20米，桥面厚度5米，全桥呈圆拱形，划天而过，气势磅礴，被誉为亚洲第一桥。

辣椒峰
辣椒峰：位于辣椒峰景区，高达180米，头大脚小，恰似一只硕大无比的辣椒。

【第 12 题】

打开“D:\5546”文件夹下的文件“明月几时有 . pptx”进行以下操作后并保存。

（1）在第 2 张幻灯片中，输入标题“水调歌头 • 明月几时有”，字体设置为：华文行楷、40 磅；

（2）在第 3 张幻灯片中，设置正文文本的动画效果为：进入动画“字幕式”，开始为“与上一动画同时”；

（3）在第 4 张幻灯片中，设置图片的“图片样式”为“柔化边缘椭圆”；

（4）新建空白幻灯片作为第 5 张幻灯片，插入“D:\5546”下的图片“pic. jpg”；

（5）设置幻灯片的切换效果为“覆盖”，效果选项为“从右上部”，并应用于全部幻灯片；

（6）使用“平衡”主题修饰全文，背景样式为“样式 5”；

（7）完成后直接保存，并关闭 PowerPoint 程序。

【第 12 题样文】

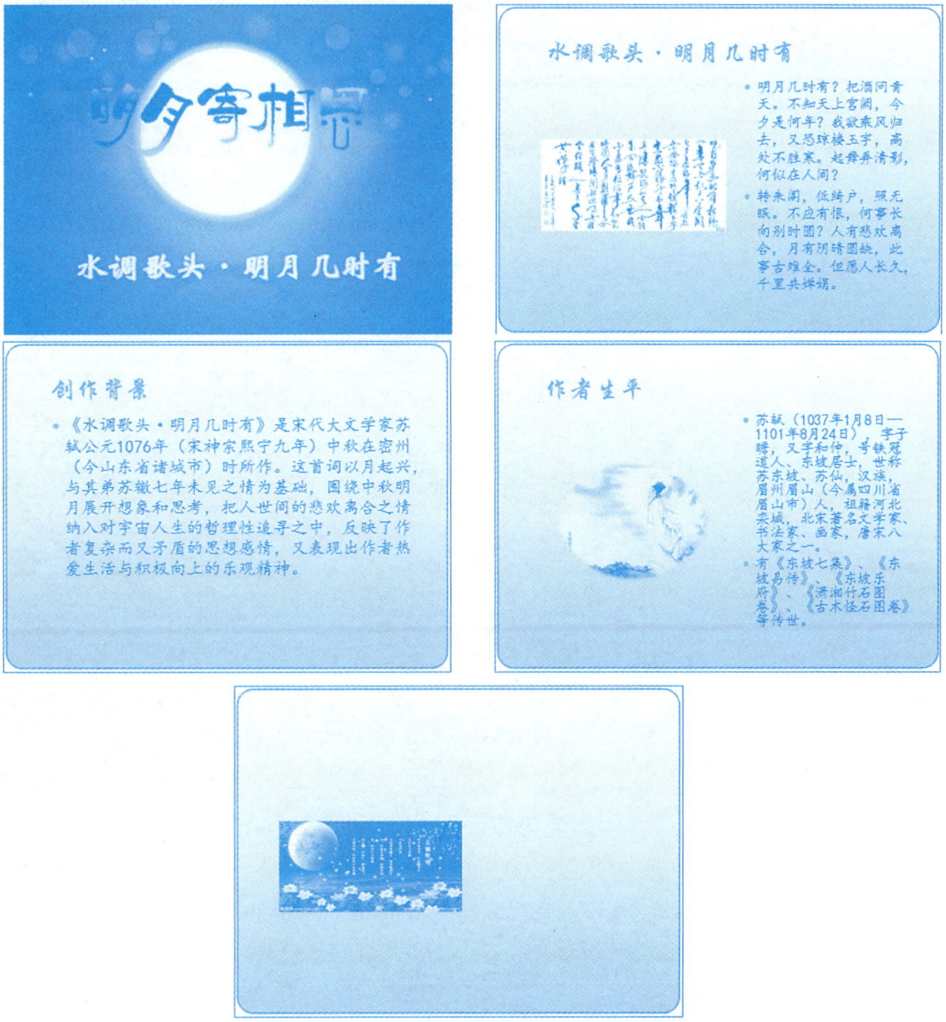

【第 13 题】

打开“D:\5547”文件夹下的文件“古代十大名剑.pptx”进行以下操作后并保存。

（1）在第 1 张幻灯片中，插入艺术字“中国古代十大名剑”，样式为第二行第二列；设置该艺术字的字体为：华文新魏、60 磅，位置为：自左上角水平 4.5 厘米、垂直 7.5 厘米；

（2）在第 3 张幻灯片中，设置图片动画效果为：强调动画“脉冲”；开始为“上一动画之后”；

（3）在第 11 张幻灯片中，插入“动作按钮：第一张”并链接到“第一张幻灯片”；

（4）设置幻灯片的切换效果为“框”，效果选项为“自左侧”，并应用于全部幻灯片；

（5）删除第 12 张幻灯片；

（6）使用“华丽”主题修饰全文、幻灯片背景样式设置为“样式 6”；

（7）完成后直接保存，并关闭 PowerPoint 程序。

【第 13 题样文】

中国古代十大名剑

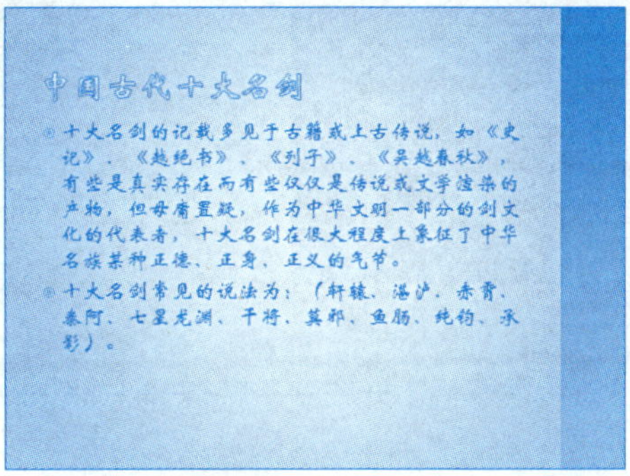
中国古代十大名剑
十大名剑的记载多见于古籍或上古传说，如《史记》、《越绝书》、《列子》、《吴越春秋》，有些是真实存在而有些仅仅是传说或文学渲染的产物，但毋庸置疑，作为中华文明一部分的剑文化的代表者，十大名剑在很大程度上象征了中华名族某种正德、正身、正义的气节。
十大名剑常见的说法为：（轩辕、湛泸、赤霄、泰阿、七星龙渊、干将、莫邪、鱼肠、纯钧、承影）。

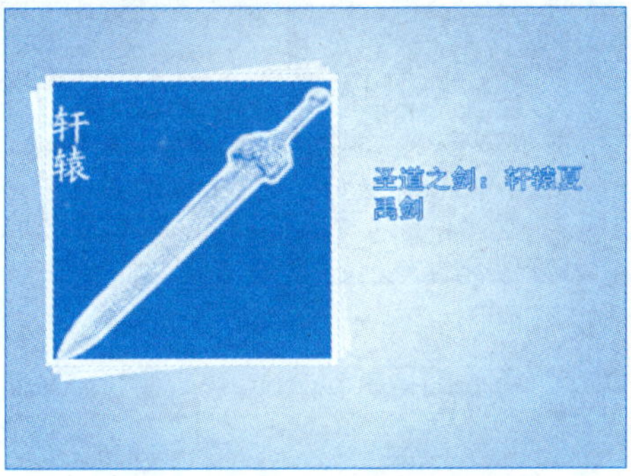
轩辕
圣道之剑：轩辕夏禹剑

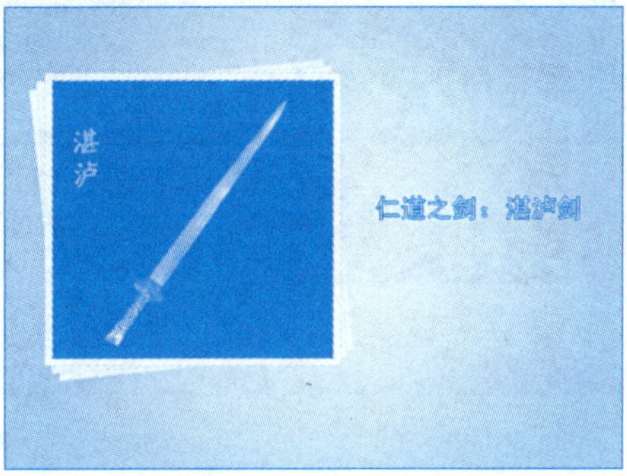
湛泸
仁道之剑：湛泸剑

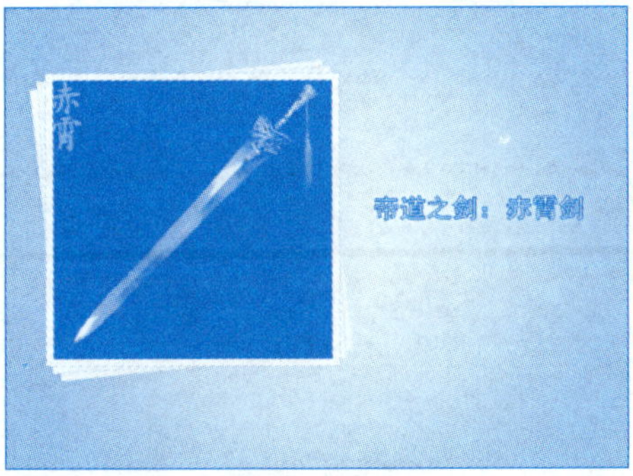
赤霄
帝道之剑：赤霄剑

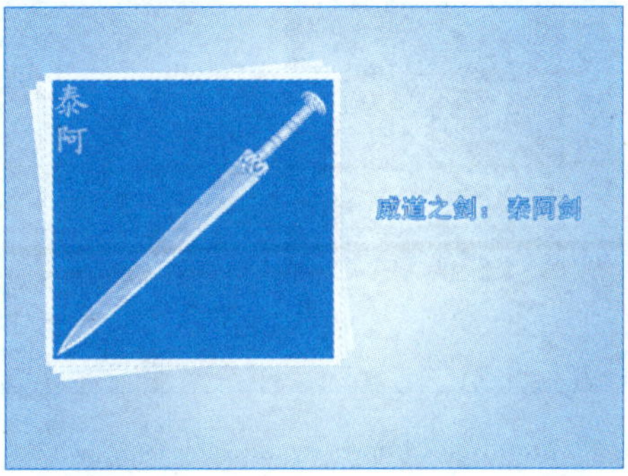
泰阿
威道之剑：泰阿剑

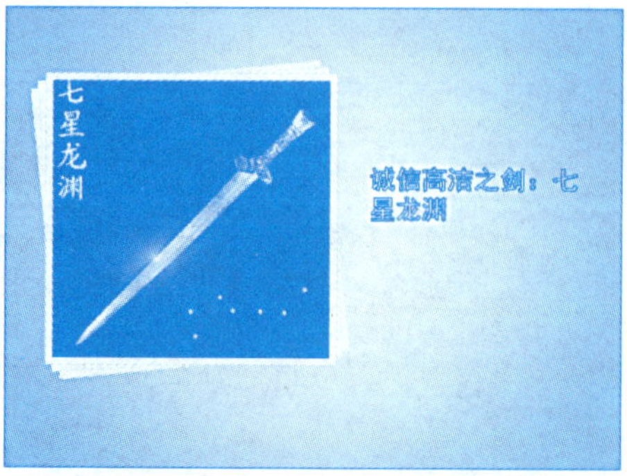
七星龙渊
诚信高洁之劍：七星龙渊

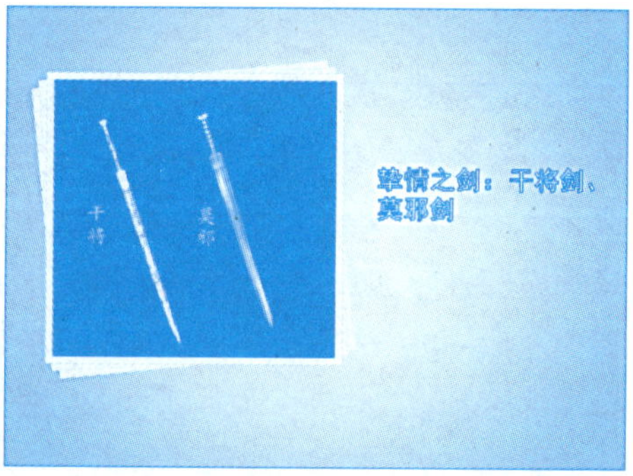
干将
莫邪
挚情之劍：干将劍、莫邪劍

鱼肠
勇絶之劍：鱼肠劍

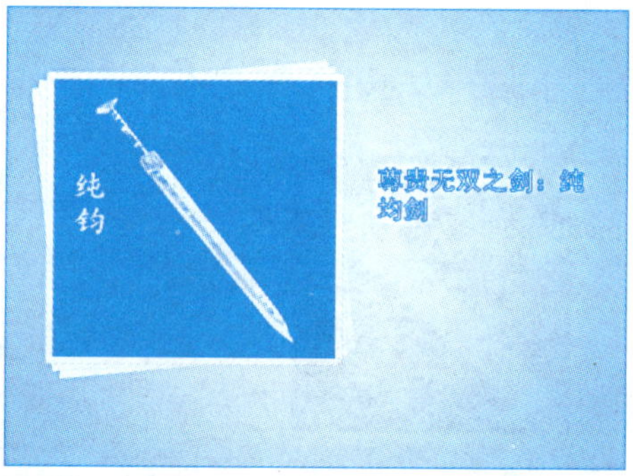
纯钧
尊貴无双之劍：純均劍

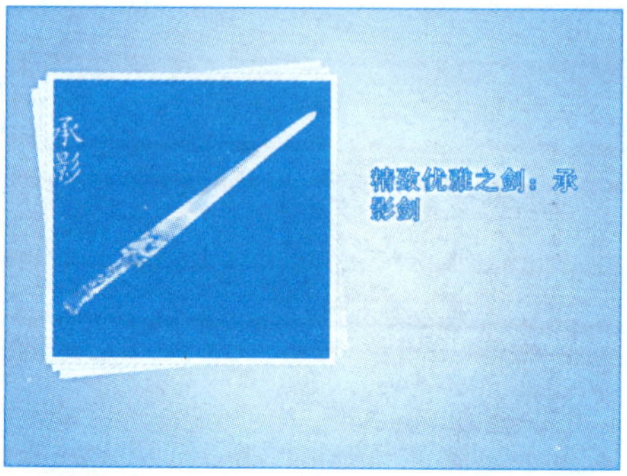
承影
精致优雅之劍：承影劍

【第 14 题】

打开“D:\5549”文件夹下的文件“多肉盆栽 . pptx”进行以下操作后并保存。

（1）在第 1 张幻灯片中，设置标题“多肉植物”的字体为：华文彩云、54 磅；

（2）在第 2 张幻灯片中，插入“D:\5549”下的图片“pic. jpg”，位置设置为：自左上角水平 6 厘米、垂直 5 厘米；

（3）在第 3 张幻灯片中，设置蓝色文本的动画效果为：进入动画“旋转”，效果选项为“作为一个对象”，开始为“单击时”；

（4）设置幻灯片的切换效果为“揭开”，效果选项为“从右下部”，并应用于全部幻灯片；

（5）删除第 12 张幻灯片；

（6）使用“流畅”主题修饰全文，幻灯片背景样式设置为“样式 2”；

（7）完成后直接保存，并关闭 PowerPoint 程序。

【第 14 题样文】

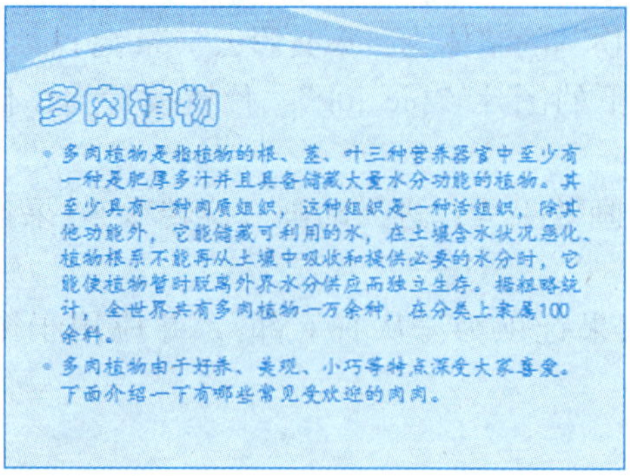
多肉植物
多肉植物是指植物的根、茎、叶三种营养器官中至少有一种是肥厚多汁并且具备储藏大量水分功能的植物。其至少具有一种肉质组织，这种组织是一种活组织，除其他功能外，它能储藏可利用的水，在土壤含水状况恶化、植物根系不能再从土壤中吸收和提供必要的水分时，它能使植物暂时脱离外界水分供应而独立生存。据粗略统计，全世界共有多肉植物一万余种，在分类上隶属100余科。
多肉植物由于好养、美观、小巧等特点深受大家喜爱。下面介绍一下有哪些常见受欢迎的肉肉。

常见多肉

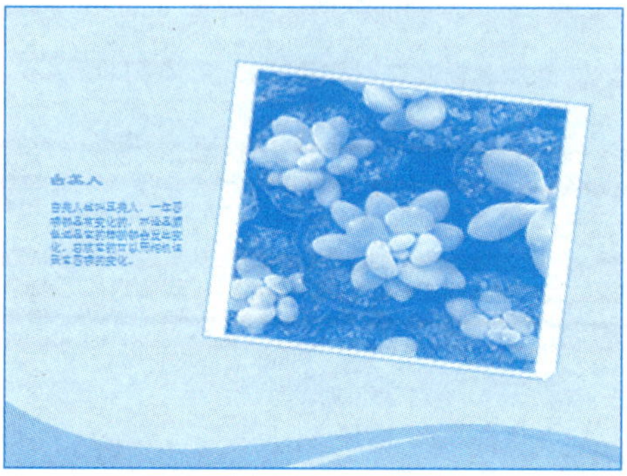

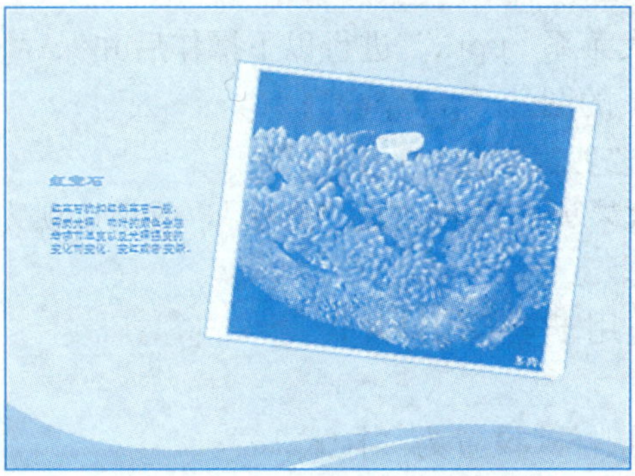

【第 15 题】

打开“D:\5550”文件夹下的文件“中国八大菜系.pptx”进行以下操作后并保存。

（1）在第 1 张幻灯片中，插入“D:\5550”下的图片“pic.png”；

（2）在第 2 张幻灯片中，设置图片的样式为“剪裁对角线，白色”；

（3）在第 11 张幻灯片中，设置图片的动画效果为：进入动画“形状”，效果选项为“菱形”，开始为“上一动画之后”；

（4）设置幻灯片的切换效果为“溶解”，并应用于全部幻灯片；

（5）删除第 12 张幻灯片；

（6）使用“透明”主题修饰全文，幻灯片背景样式设置为“样式 10”；

（7）完成后直接保存，并关闭 PowerPoint 程序。

【第 15 题样文】

中国八大菜系

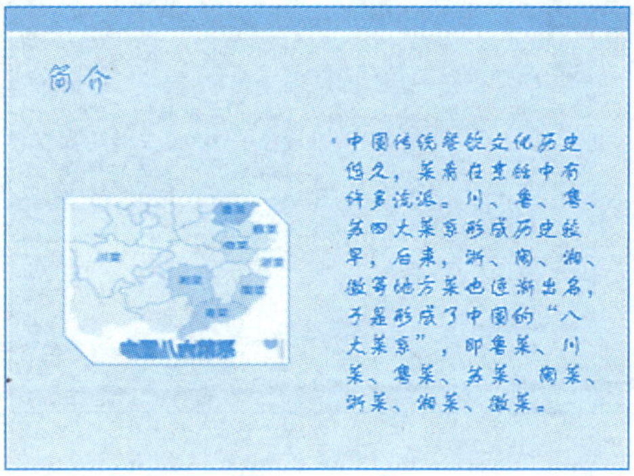
简介
中国传统餐饮文化历史悠久，菜肴在烹饪中有许多流派。川、鲁、粤、苏四大菜系形成历史较早，后来，浙、闽、湘、徽等地方菜也逐渐出名，于是形成了中国的“八大菜系”，即鲁菜、川菜、粤菜、苏菜、闽菜、浙菜、湘菜、徽菜。

鲁菜
鲁菜讲究原料质地优良，以盐提鲜，以汤壮鲜，调味讲求咸鲜纯正，突出本味。容华贵、中正大气、平和养生（咸鲜为主 火候精湛 精于制汤 善烹海味 注重礼仪）

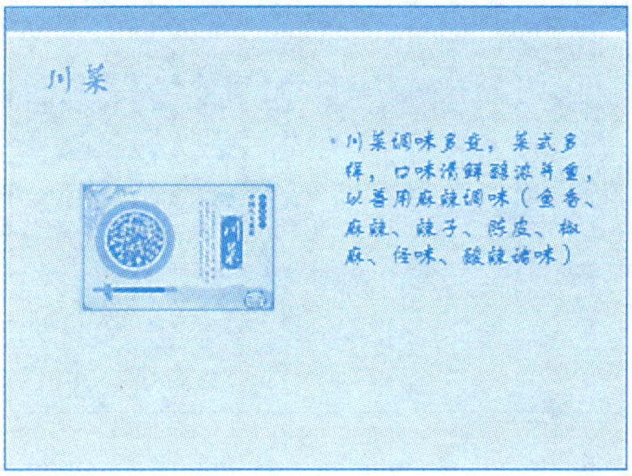
川菜
川菜调味多变，菜式多样，口味清鲜醇浓并重，以善用麻辣调味（鱼香、麻辣、辣子、陈皮、椒麻、怪味、酸辣诸味）

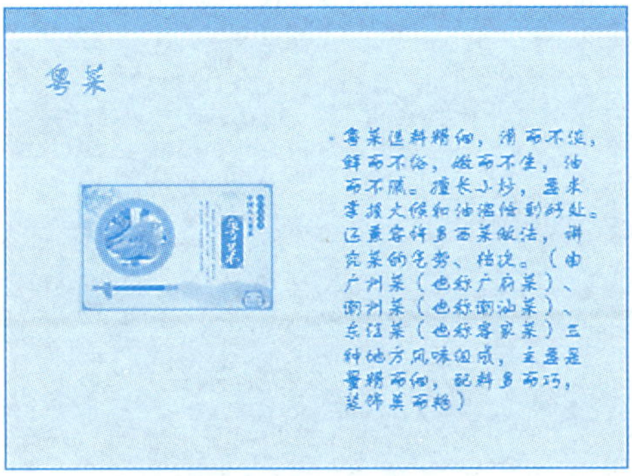
粤菜
粤菜选料精细，清而不淡，鲜而不俗，嫩而不生，油而不腻。擅长小炒，要求掌握火候和油温恰到好处。还兼容许多西菜做法，讲究菜的气势、档次。（由广州菜（也称广府菜）、潮州菜（也称潮汕菜）、东江菜（也称客家菜）三种地方风味组成，主要是量精而细，配料多而巧，装饰美而艳）

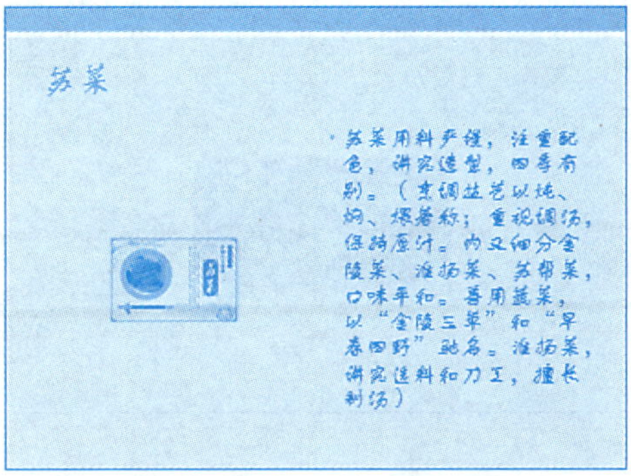
苏菜
苏菜用料严谨，注重配色，讲究造型，四季有别。（烹调技艺以炖、焖、煨著称；重视调汤，保持原汁。内又细分金陵菜、淮扬菜、苏帮菜，口味平和。善用蔬菜，以“金陵三草”和“早春四野”驰名。淮扬菜，讲究选料和刀工，擅长制汤）

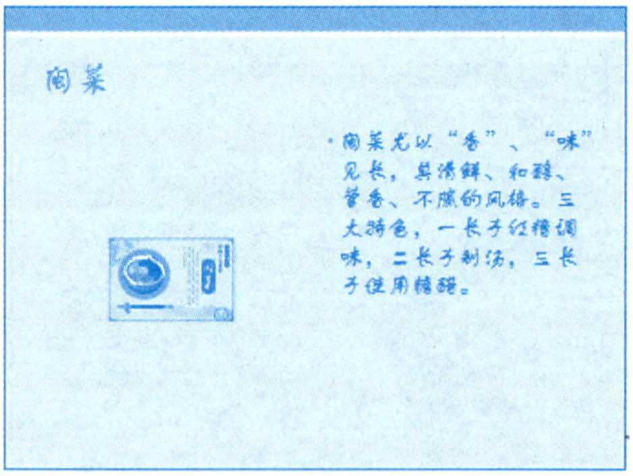
闽菜
·闽菜尤以“香”、“味”
见长，其清鲜、和醇、
荤香、不腻的风格。三
大特色，一长于红糟调
味，二长于制汤，三长
于使用糖醋。

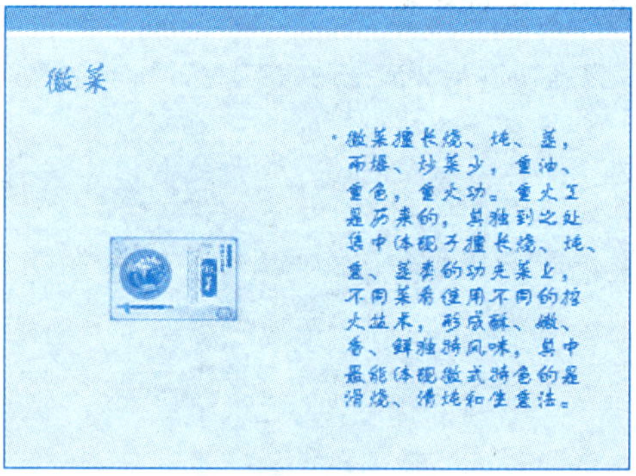
徽菜
·徽菜擅长烧、炖、蒸，
而爆、炒菜少，重油、
重色，重火功。重火工
是历来的，其独到之处
集中体现于擅长烧、炖、
熏、蒸类的功夫菜上，
不同菜肴使用不同的控
火技术，形成酥、嫩、
香、鲜独特风味，其中
最能体现徽式特色的是
滑烧、清炖和生熏法。

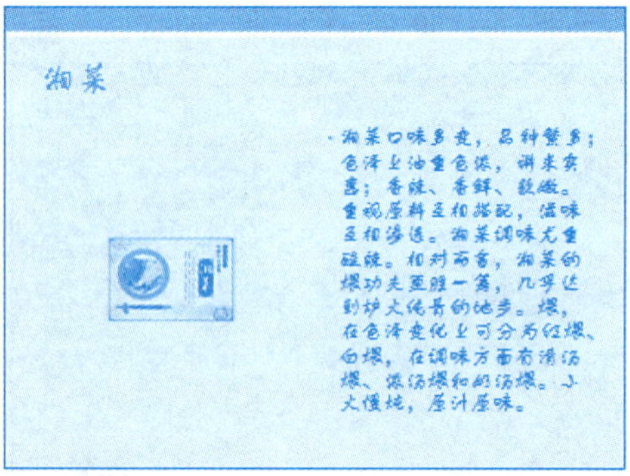
湘菜
·湘菜口味多变，品种繁多；
色泽上油重色浓，讲求实
惠；香辣、香鲜、软嫩。
重视原料互相搭配，滋味
互相渗透。湘菜调味尤重
酸辣。相对而言，湘菜的
煨功夫更胜一筹，几乎达
到炉火纯青的地步。煨，
在色泽变化上可分为红煨、
白煨，在调味方面有清汤
煨、浓汤煨和奶汤煨。小
火慢炖，原汁原味。

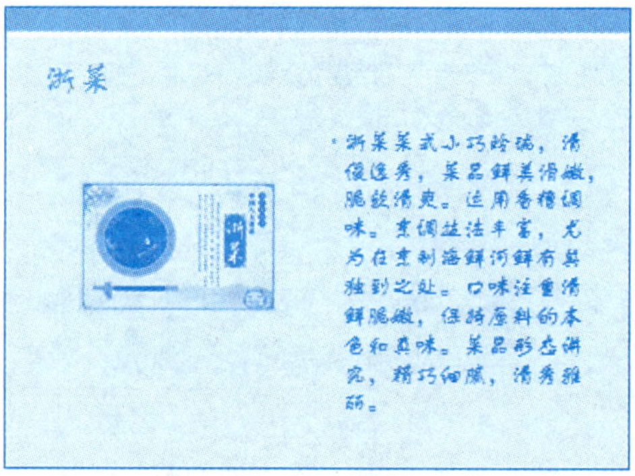
浙菜
·浙菜菜式小巧玲珑，清
俊逸秀，菜品鲜美滑嫩，
脆软清爽。运用香糟调
味。烹调技法丰富，尤
为在烹制海鲜河鲜有其
独到之处。口味注重清
鲜脆嫩，保持原料的本
色和真味。菜品形态讲
究，精巧细腻，清秀雅
丽。

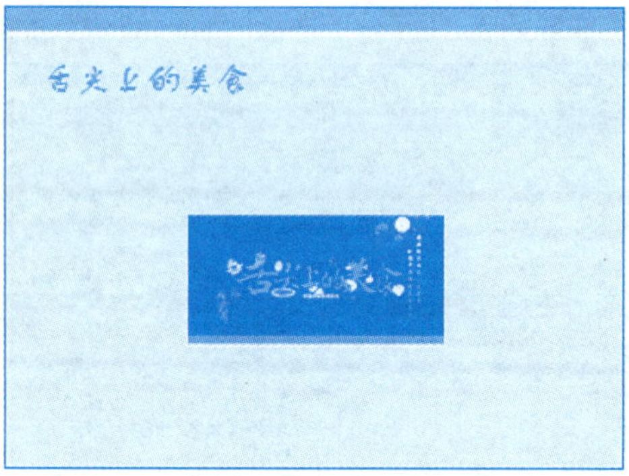
舌尖上的美食

【第 16 题】

打开“D:\5551”文件夹下的文件“计算机安全.pptx”进行以下操作后并保存。

(1) 在第 1 张幻灯片中，将版式改为“仅标题”，输入标题为“计算机安全”，字体设置为：方正舒体、加粗、48 磅；

(2) 在第 2 张幻灯片中，插入“D:\5551”下的图片“pic.jpg”，位置设置为：自左上角水平 1 厘米、垂直 6 厘米；

(3) 在第 5 张幻灯片中，设置正文文本的动画效果为：进入动画“挥鞭式”，效果选项为“作为一个对象”，开始为“上一动画之后”；

(4) 设置幻灯片的切换效果为“碎片”，效果选项为“粒子输出”，并应用于全部幻灯片；

(5) 使用“精装书”主题修饰全文；

(6) 设置幻灯片放映方式的放映类型为“观众自行浏览”；

(7) 完成后直接保存，并关闭 PowerPoint 程序。

【第 16 题样文】

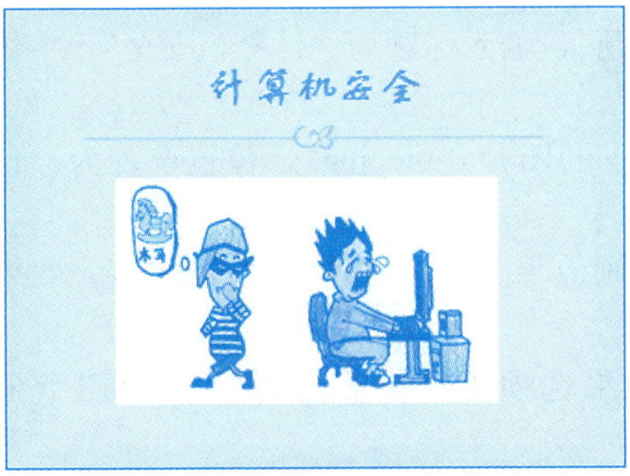
计算机安全

定义
计算机网络安全
国际标准化委员会的定义是"为数据处理系统和采取的技术的和管理的安全保护，保护计算机硬件、软件、数据不因偶然的或恶意的原因而遭到破坏、更改、显露。"
中国公安部计算机管理监察司的定义是"计算机安全是指计算机资产安全，即计算机信息系统资源和信息资源不受自然和人为有害因素的威胁和危害。"计算机安全主要包括计算机程序和指令系统安全。

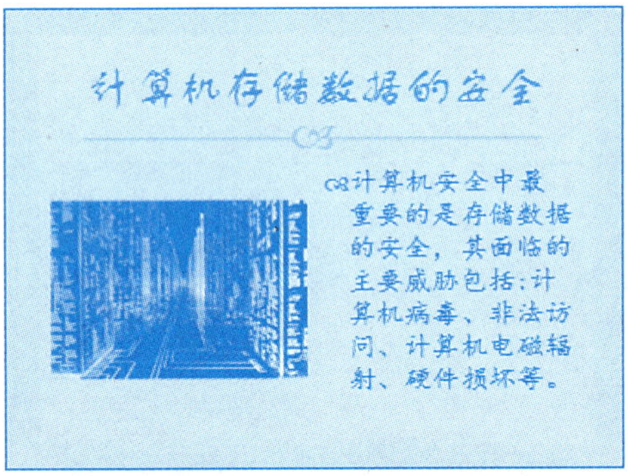
计算机存储数据的安全
计算机安全中最重要的是存储数据的安全，其面临的主要威胁包括：计算机病毒、非法访问、计算机电磁辐射、硬件损坏等。

计算机硬件安全
计算机在使用过程中，对外部环境有一定的要求，即计算机周围的环境应尽量保持清洁、温度和湿度应该合适、电压稳定，以保证计算机硬件可靠的运行。
SECURITY

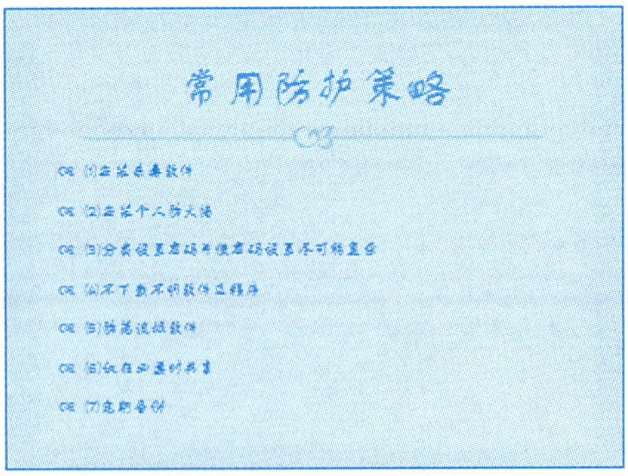
常用防护策略
(1)安装杀毒软件
(2)安装个人防火墙
(3)分类设置密码并使密码设置尽可能复杂
(4)不下载不明软件及程序
(5)防范流氓软件
(6)仅在必要时共享
(7)定期备份

综合模拟测验 1

【选择题】

1. HTTP 指的是(　　)

　A. 域名　　B. 网址

　C. 高级语言　　D. 超文本传输协议

2. 下列关于下载网络信息的说法中，不正确的是(　　)

　A. 在网页中的图片上单击右键，在弹出的菜单中选择“图片另存为”可将图片保存到本地计算机中

　B. 网页只能保存为 html 格式的文件

　C. 在网页上选中需要的文字，在菜单栏中选择“编辑/复制”，然后粘贴到 Word 等字处理软件中

　D. 在网页窗口的菜单栏中选择“文件/另存为”命令，可以保存当前的网页到本地计算机中

3. 世界上第一台电子计算机诞生于(　　)

　A. 日本　　B. 美国　　C. 英国　　D. 中国

4. 在因特网上的每一台主机都有唯一的地址标识，是指(　　)

　A. 计算机名　　B. IP 地址

　C. 用户名　　D. 统一资源定位器

5. 下列关于电子邮件说法，不正确的是(　　)

　A. 通过电子邮件可以向世界上任何一个角落的网上用户发送信息

　B. 只能发送文字和图像

　C. 电子邮件具有快速、高效、方便等特点

　D. 电子邮件是 Internet 提供的一项基本服务

6. 图像的亮度是指(　　)

　A. 颜色的深浅程度

　B. 颜色的纯度

　C. 显示器的明暗程度

　D. 图像画面的明暗程度

7. 下列不属于本地存储空间的是(　　)

　A. 硬盘　　B. 云盘　　C. U 盘　　D. 光盘

8. 下列关于获取多媒体图像素材的说法，错误的是(　　)
A. 从视频中截取　　B. 从麦克风中获取
C. 从数码相机中获取　　D. 从网上获取
9. 下列属于图像文件扩展名是(　　)
A. . avi　　B. . jpg　　C. . txt　　D. . docx
10. 下列可以采集到音频信息的设备是(　　)
A. 音箱　　B. 耳机
C. 录音笔　　D. 功率放大器
11. 在计算机中，键盘属于(　　)
A. 显示设备　　B. 输出设备
C. 打印设备　　D. 输入设备
12. 下列属于计算机辅助设计应用领域的是(　　)
A. 地震监测　　B. 网上购票
C. 餐厅机器人　　D. 3D 动画制作
13. 计算机的性能主要取决于(　　)
A. CPU 的性能　　B. RAM 的存取速度
C. 显示器的性能　　D. 硬盘容量的大小
14. 若要将 avi 格式文件转换为 mp4 格式文件可使用软件(　　)
A. 格式工厂　　B. ACDsee
C. 美图秀秀　　D. QQ 音乐
15. 按网络覆盖范围划分，Internet 属于(　　)
A. 专用网　　B. 校园网
C. 局域网　　D. 广域网
16. 计算机中基本的存储容量单位是(　　)
A. 位　　B. 字长　　C. 字节　　D. 字
17. 下列关于计算机病毒的说法正确的是(　　)
A. 感染过计算机病毒的计算机具有对该病毒的免疫性
B. 安装了杀毒软件，计算机就不会感染病毒
C. 杀毒软件通常是滞后于计算机新病毒的出现
D. 杀毒软件可以查、杀任何种类的病毒
18. 计算机内部管理和处理数据采用的数制形式是(　　)
A. 十六进制　　B. 二进制　　C. 八进制　　D. 十进制
19. 下列属于计算机硬件系统五大部件之一的是(　　)
A. 光盘　　B. 硬盘
C. 存储器　　D. U 盘
20. 不能直接与 CPU 交换信息的存储器是(　　)
A. RAM　　B. ROM
C. U 盘　　D. Cache (高速缓存)

【Windows 7 操作题】

（1）在“D:\28”文件夹下分别创建名为“语文”和“数学”的两个文件夹。

（2）将“D:\28”文件夹下的 DY 文件夹下的 KT 文件夹复制到“D:\28”文件夹下 ZKT 文件夹中。

（3）删除“D:\28”文件夹下 PAQ 文件夹中的 S1. PPT 文件。

（4）将“D:\28”文件夹下的 ZKT 文件夹中 ksd. htm 文件设置成只读属性。

（5）将“D:\28”文件夹下的 WD. docx 重命名为 WORD. docx。

（6）将“D:\28”文件夹下的 sw. xml 和 ts. xml 移动到“D:\28”文件夹下 HP 文件夹中。

（7）将“D:\28”文件夹下的 p2. png 和 pqr. swf 压缩，压缩文件名为“KSS. RAR”，并存放在“D:\28”文件夹下。

【Word 操作题】

打开“D:\20”文件夹中的 Word 文档“Word1. docx”，进行以下操作并保存。（操作结果可参考“D:\20\样张 . PNG”）

（1）将标题设为黑体、小二，居中对齐；

（2）将正文设为隶书、小四；

（3）将正文第 1 段首字下沉，设置下沉行数为 2 行；

（4）将正文第 2、3 段设置首行缩进 2 个字符；

（5）在页眉处插入页码“1”，并居中；

（6）在文档末尾创建一个 4 行 5 列的表格；

（7）将表格所有单元格的对齐方式设为水平居中；

（8）为表格套用“浅色底纹”的样式；

（9）在文档中插入图片“D:\20\pic. png”，设置图片的位置为“中间居中，四周型文字环绕”；

（10）完成后直接保存，并关闭 Word 程序。

【**Word 操作样文**】

1

大话诗人—张继

张继（？-约779），字懿孙，南阳（今河南）人，天宝年间进士，历官洪州盐铁判官、检校祠部员外郎等职务。

张继为人极富气节，不事权贵。早年曾作有《感怀》一诗，诗中写道：“调与时人背，心将静者论。终年帝城里，不识五侯门。”

他的诗作大多反映诗人关心兵乱的人民的生计，诗风激越，和他超脱的思想是一致的。

枫桥夜泊

张继

月落乌啼霜满天，
江枫渔火对愁眠。
姑苏城外寒山寺，
夜半钟声到客船。

【Excel 操作题】

打开“D:\57”文件夹中的文件“excel1. xlsx”，进行以下操作并保存。(操作结果可参考“D:\57 \ 样张 . png”)

(1) 将 A1：E1 单元格合并后居中，字体为黑体，字号为 16，单元格底纹填充颜色为黄色；

(2) 将 A 至 E 列的列宽设为 15；设置单元格区域 A2：E25 的内容水平居中；

(3) 利用公式计算出保险费，保险费＝基本工资×0. 12；

(4) 设置单元格区域 D3：E25 的数字分类为“货币”，小数位保留 2 位，货币符号用“¥”；

(5) 将单元格区域 A2：E25 外边框线设为双实线，内部框线设为细单实线；

(6) 将单元格区域 A2：E25 按“部门”升序排序；

(7) 将工作表中的数据分类汇总，分类字段为“部门”，汇总方式为“求和”，汇总项为“保险费”，汇总结果显示在数据下方；

(8) 保存文档并关闭 Excel 应用程序。

【Excel 操作题样文】

	A	B	C	D	E
1			职员工资表		
2	员工编号	姓名	部门	基本工资	保险费
3	013	杨志仓	财务部	¥1, 700. 00	¥204. 00
4	019	余沧海	财务部	¥1, 600. 00	¥192. 00
5			**财务部 汇总**		¥396. 00
6	002	庄顶礼	技术部	¥1, 000. 00	¥120. 00
7	004	武飞发	技术部	¥1, 100. 00	¥132. 00
8	006	张静然	技术部	¥1, 200. 00	¥144. 00
9	011	陈君豪	技术部	¥1, 050. 00	¥126. 00
10	012	张继颜	技术部	¥1, 100. 00	¥132. 00
11	014	黄帝格	技术部	¥1, 300. 00	¥156. 00
12	018	曹雷雨	技术部	¥1, 200. 00	¥144. 00
13	020	洪秀丽	技术部	¥1, 000. 00	¥120. 00
14			**技术部 汇总**		¥1, 074. 00
15	005	周政利	客户部	¥1, 200. 00	¥144. 00
16	009	王娟娟	客户部	¥1, 320. 00	¥158. 40
17	010	陈光磊	客户部	¥1, 500. 00	¥180. 00
18	015	李冬梅	客户部	¥1, 250. 00	¥150. 00
19	017	龚大柱	客户部	¥1, 100. 00	¥132. 00
20			**客户部 汇总**		¥764. 40
21	001	陈波涛	市场部	¥860. 00	¥103. 20
22	003	吴爱国	市场部	¥850. 00	¥102. 00
23	007	刘曼曼	市场部	¥1, 000. 00	¥120. 00
24	008	张婷婷	市场部	¥950. 00	¥114. 00
25	016	陈思思	市场部	¥1, 100. 00	¥132. 00
26			**市场部 汇总**		¥571. 20
27			**总计**		¥2, 805. 60

【PowerPoint 操作题】

打开“D:\45”文件夹下的文件“PPT1. pptx”进行以下操作后并保存。

(1) 第一张幻灯片，设置标题“Office 的密码保护”的字体为：楷体、加粗、44 磅；

(2) 第二张幻灯片，设置文本的动画效果为：进入动画“缩放”“上一动画之后”开始；

(3) 第三张幻灯片，选中“上一页”文字，创建超链接到“上一张幻灯片”；

(4) 第四张幻灯片，插入“D:\45”下的图片“pic. png”，不改变图片的大小，位置设置为：自左上角水平 21 厘米、垂直 7 厘米；

(5) 设置幻灯片的切换效果为“推进”、效果选项为“自左侧”、并应用于全部幻灯片；

(6) 使用“波形”主题修饰全文、幻灯片背景样式设置为“样式 10”；

(7) 完成后直接保存，并关闭 PowerPoint 程序。

【PowerPoint 操作题样文】

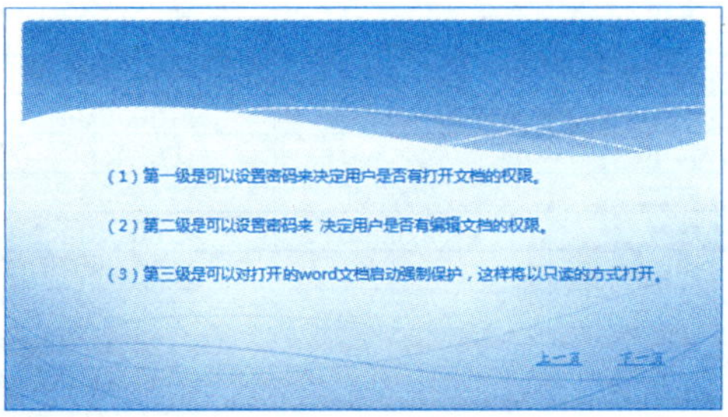

综合模拟测验 2

【选择题】

1. 若要保存网页上的一张图片，下列操作正确的是（　　）
   A. 右击该图片，在弹出的快捷菜单中选择“图片另存为”命令
   B. 直接拖曳图片到收藏夹中
   C. 单击“文件”菜单，选择“另存为”命令
   D. 右击该图片，在弹出的快捷菜单中选择“目标另存为”命令
2. 造成网络安全主要危害的是（　　）
   A. 网页中多媒体技术的大量应用
   B. 使用计算机上网的人越来越多
   C. 计算机病毒、黑客的非法入侵以及网络陷阱
   D. 网络上的垃圾邮件越来越多
3. 下列网络应用对带宽要求最高的是（　　）
   A. 收发邮件　　B. 网上购物
   C. 视频点播　　D. QQ 聊天
4. 下列不能即时聊天的软件是（　　）
   A. 酷狗　　B. QQ　　C. 微信　　D. 阿里旺旺
5. 下列传输介质中，传输速度快且抗干扰能力强的是（　　）
   A. 电话线　　B. 同轴电缆
   C. 光纤　　D. 双绞线
6. 下列软件不可以实现图片处理的是（　　）
   A. Goldwave　　B. 美图秀秀
   C. Photoshop　　D. ACDSee
7. 下列属于多媒体元素的是（　　）
   A. 颜色　　B. 声音　　C. 杂志　　D. 磁盘
8. 以下 IP 地址正确的是（　　）
   A. 192.168.0.28　　B. 192.168.1.256
   C. 192.168.1　　D. 192，168，0，1
9. 下列属于计算机输入设备的是（　　）
   A. 绘图仪　　B. 打印机

C. 显示器　　D. 麦克风

10. 计算机辅助制造的英文简称是(　　)

A. CAM　　B. CAT　　C. CAD　　D. CAI

11. 具有锁定键盘上大小写字母输入功能的按键是(　　)

A. Enter　　B. Esc

C. Backspace　　D. CapsLock

12. 计算机之所以能够自动、连续地进行数据处理，主要是因为(　　)

A. 采用了半导体器件　　B. 采用了二进制

C. 具有存储程序控制的功能　　D. 采用了开关电路

13. 硬盘在工作时应特别注意避免(　　)

A. 震动　　B. 噪声　　C. 潮湿　　D. 日照

14. 1TB 等于(　　)

A. 1024GB　　B. 1000GB　　C. 1000MB　　D. 1024MB

15. 计算机断电后，数据会丢失的存储器是(　　)

A. 光盘　　B. 只读存储器

C. 硬盘　　D. 随机存储器

16. 字母“A”的十进制 ASCII 码值为 65，则字母“B”的十进制 ASCII 码值为(　　)

A. 69　　B. 66　　C. 67　　D. 68

17. 在 Internet 中，文件传输协议是(　　)

A. HTTP　　B. POP3　　C. FTP　　D. SMTP

18. 在 IE 浏览器中，可实现重新加载当前网页功能的是(　　)

A. 刷新　　B. 停止　　C. 收藏　　D. 历史

19. 计算机能直接识别和执行的语言是(　　)

A. 汇编语言　　B. VB 语言

C. C 语言　　D. 机器语言

20. 网址 http：//www. hbjob. net 中，net 表示该网站属于(　　)

A. 商业机构　　B. 教育机构

C. 网络机构　　D. 政府机构

【Windows 7 操作题】

（1）在“D:\36”文件夹下创建名为 ABC. txt 的文本文件。

（2）将“D:\36 \ XYKY”文件夹中 KSEXIT. docx 重命名为 EXIT. docx。

（3）将“D:\36 \ MOP”文件夹中名为 CD. pptx 的文件设置成只读属性。

（4）为“D:\36 \ QXY \ KPP”文件夹中名为 WYER. xlsx 的文件创建桌面快捷方式。

（5）将“D:\36”下名为 APP. xlsx 的文件移动到“D:\36 \ KSS”文件夹中。

（6）将“D:\36 \ MTPY”文件夹中名为 KPTH. pptx 的文件复制到“D:\36 \ AAH”文件夹中。

（7）将“D:\36”文件夹下 HERK. rar 文件解压到“D:\36 \ HERK”文件夹中。

【Word 操作题】

打开“D:\25”文件夹中的 Word 文档“Word2. docx”，进行以下操作并保存。（操作结果可参考“D:\25 \ 样张 . PNG”）

（1）设置页面页边距为上、下各 2. 7 厘米，左、右各 3 厘米；

（2）设置标题为隶书、一号、加粗，字体颜色为绿色，文字居中对齐；

（3）设置标题字符间距为加宽 5 磅；

（4）设置正文各段左、右各缩进 1 字符，第 2 段首行缩进 2 字符，行距固定值 20 磅；

（5）在文档中插入图片“D:\25 \ pic. jpg”，图片大小缩放为高度、宽度均为 50%；

（6）设置图片的位置为“顶端居右，四周型文字环绕”；

（7）在文档末尾创建一个 4 行 5 列的表格；

（8）将表格第 1 列的第 1、2 行单元格合并为一个单元格；

（9）将表格所有单元格对齐方式设为水平居中；

（10）完成后直接保存，并关闭 Word 程序。

【Word 操作题样文】

人 工 智 能

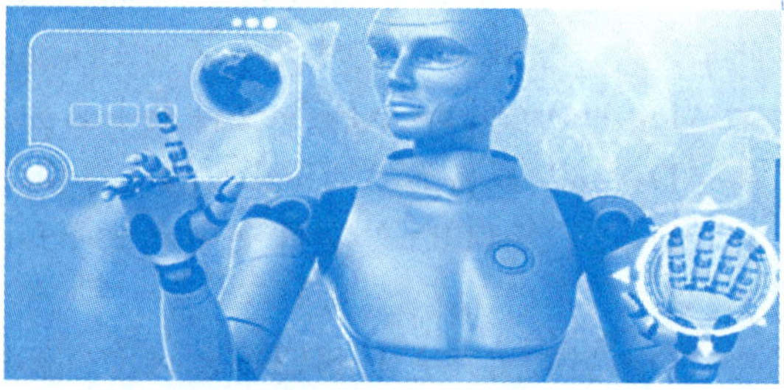

“人工智能”一词最初是在 1956 年 Dartmouth 学会上提出的。从那以后，研究者们发展了众多理论和原理，人工智能的概念也随之扩展。人工智能（Artificial Intelligence），英文缩写为 AI。它是研究、开发用于模拟、延伸和扩展人的智能的理论、方法、技术及应用系统的一门新的技术科学。人工智能是计算机科学的一个分支，它企图了解智能的实质，并生产出一种新的能以人类智能相似的方式做出反应的智能机器，该领域的研究包括机器人、语言识别、图像识别、自然语言处理和专家系统等。人工智能从诞生以来，理论和技术日益成熟，应用领域也不断扩大，可以设想，未来人工智能带来的科技产品，将会是人类智慧的“容器”。

人工智能是对人的意识、思维的信息过程的模拟。人工智能不是人的智能，但能像人那样思考、也可能超过人的智能。

【Excel 操作题】

打开“D:\52”文件夹中的文件“excel2. xlsx”，进行以下操作并保存。(操作结果可参考“D:\52\样章 . png”)

(1) 将单元格 A1：F1 合并居中，设置字体为隶书，字号为 18，字体颜色为蓝色；

(2) 将第 1 行至 16 行的行高设置为 18，将 F 列列宽设为 12；

(3) 将单元格区域 A2：F16 设置所有框线为细单实线；

(4) 利用公式计算各图书的“总价（元)”(总价＝单价×册数)，数字分类为“货币”，小数位保留 2 位，货币符号用“¥”；

(5) 将单元格区域 A2：F16 以“图书类别”为关键字降序排列；

(6) 对表格进行分类汇总，分类字段“图书类别”，汇总方式“求和”，汇总项“总价（元)”，汇总结果显示在数据下方；

(7) 将工作表 Sheetl 重命名为“图书情况表”；

(8) 保存文档并关闭 Excel 应用程序。

【Excel 操作题样文】

	A	B	C	D	E	F
1	某出版社上半年出版图书情况					
2	编号	图书类别	单价（元）	页数	册数	总价（元）
3	TS005	时尚杂志	12.7	68	560	¥7,112.00
4	TS007	时尚杂志	6.5	75	560	¥3,640.00
5	TS011	时尚杂志	21.8	150	350	¥7,630.00
6		时尚杂志 汇总				¥18,382.00
7	TS003	历史文化	11.2	123	250	¥2,800.00
8	TS004	历史文化	19.7	205	380	¥7,486.00
9	TS010	历史文化	20.5	215	340	¥6,970.00
10		历史文化 汇总				¥17,256.00
11	TS002	风景名胜	15.6	210	450	¥7,020.00
12	TS008	风景名胜	14.7	156	450	¥6,615.00
13		风景名胜 汇总				¥13,635.00
14	TS001	儿童读物	10.5	76	100	¥1,050.00
15	TS006	儿童读物	13.6	78	620	¥8,432.00
16	TS009	儿童读物	7.5	65	510	¥3,825.00
17		儿童读物 汇总				¥13,307.00
18		总计				¥62,580.00

【PowerPoint 操作题】

打开“D:\40”文件夹下的文件“PPT2. pptx”进行以下操作后并保存。

（1）第一张幻灯片，输入标题“快递服务”，字体设置为：楷体、80 磅、加粗；

（2）第二张幻灯片，设置文本的动画效果为：进入动画“轮子”，效果选项为“3 轮辐图案（3）”，“上一动画之后”开始；

（3）第三张幻灯片，设置图片的“图片样式”为“矩形投影”；

（4）新建空白幻灯片作为第四张幻灯片，插入“D:\40”下的图片“pic. png”；

（5）设置幻灯片的切换效果为“时钟”、效果选项为“逆时针”、并应用于全部幻灯片；

（6）使用“技巧”主题修饰全文、背景样式为“样式 8”；

（7）完成后直接保存，并关闭 PowerPoint 程序。

【PowerPoint 操作题样文】

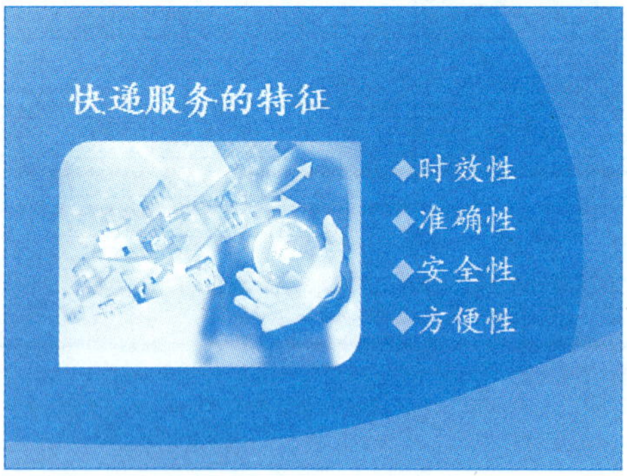

综合模拟测验 3

【选择题】

1. 美图秀秀无法保存的格式是(　　)

A. . mp3　　B. . jpg　　C. . bmp　　D. . png

2. 键盘上用于截取整个屏幕图像的按键是(　　)

A. NumLock 键　　B. PrintScreen 键

C. CapsLock 键　　D. Insert 键

3. 按网络覆盖范围划分，校园网属于(　　)

A. 局域网　　B. 城域网　　C. 无线网　　D. 广域网

4. 下列不属于多媒体输入设备的是(　　)

A. 摄像头　　B. 录音笔　　C. 麦克风　　D. 显示器

5. 下列关于“Windows Media Player”播放软件的说法，不正确的是(　　)

A. 可用于播放 DVD

B. 可以用不同的显示模式观看视频

C. 可以用于为视频文件添加视频特效

D. 既能够播放视频文件，也能够播放音频文件

6. 可将纸质的照片输入并存储在计算机中的设备是(　　)

A. 扫描仪　　B. 打印机　　C. 手写板　　D. 绘图仪

7. 计算机应用领域中，英文简称 CAI 的中文意思是(　　)

A. 计算机辅助管理

B. 计算机辅助设计

C. 计算机辅助制造

D. 计算机辅助教学

8. MIPS 是用来衡量计算机的(　　)

A. 运算速度　　B. 字长

C. 存储器容量　　D. 传输速率

9. 微信主要用于(　　)

A. 数据传输　　B. 软件下载

C. 即时通信　　D. 网络购物

10. “64 位计算机”中的 64 指的是(　　)

A. 计算机的内存容量为 64GB
B. 计算机的硬盘容量为 64GB
C. 计算机的主频为 64GHZ
D. 计算机一次性处理的二进制位数为 64

11. 目前，计算机病毒最主要的传播途径是(　　)
A. U 盘　B. 光盘　C. 网络　D. 移动硬盘

12. 一个汉字的机内码占用存储空间为(　　)
A. 8B　B. 1B　C. 2B　D. 4B

13. 计算机中，运算器和控制器合称为(　　)
A. 存储器　B. 主机　C. 输入设备　D. CPU

14. 计算机将数据从 U 盘传送到计算机内存，称为(　　)
A. 读盘　B. 存盘　C. 写盘　D. 输出

15. 迅雷软件可以进行(　　)
A. 在线翻译　B. 收发邮件
C. 资源下载　D. 即时通信

16. 下列不是声音文件扩展名的是(　　)
A. . mp3　B. . mid　C. . avi　D. . wav

17. Internet 上通过 WWW 浏览网页基于的协议是(　　)
A. ISP　B. HTTP　C. POP3　D. FTP

18. 下列正确的电子邮箱地址是(　　)
A. @fj2018. qq. com　B. qq. com@fj2018
C. fj2018. qq. com　D. Fj2018@qq. com

19. 键盘上删除光标前字符的按键是(　　)
A. Insert　B. Delete
C. Backspace　D. Enter

20. 在计算机网络中，通常把提供并管理共享资源的计算机称为(　　)
A. 服务器　B. 工作站
C. 交换机　D. 调制解调器

【Windows 7 操作题】

（1）在“D:\34\EDU”文件夹中创建名为 DEF. txt 的文本文件。

（2）在“D:\34”文件夹下删除 KSCJ 文件夹。

（3）将“D:\34\KYP”文件夹中名为 BOX. docx 的文件设置成只读属性。

（4）为“D:\34\WTHER”文件夹中名为 KXB. pptx 的文件创建桌面快捷方式。

（5）将“D:\34”文件夹下名为 CPP. TXT 的文件移动到“D:\34\ABC”文件夹中。

（6）将“D:\34\ATD”文件夹中名为 SYKB. SYS 的文件复制到“D:\34\MKD”文件夹中。

（7）将“D:\34”文件夹下 IOP. rar 文件解压到“D:\34\IOP”文件夹中。

【Word 操作题】

打开“D:\21”文件夹中的 Word 文档“Word3. docx”，进行以下操作并保存。（操作结果可参考“D:\21\样张 . PNG”）

（1）将标题“鼓浪屿景区简介”设为艺术字，艺术字样式为第 3 行第 2 列；

（2）设置艺术字的位置为“顶端居中，四周型文字环绕”，自动换行为“上下型环绕”；

（3）设置正文各段首行缩进 2 个字符；

（4）设置正文各段为段前、段后间距 0.5 行；

（5）设置正文行距固定值 20 磅；

（6）插入空白页眉，键入文字“著名风景区”，并居中；

（7）设置正文第 2 段为两栏格式，栏宽相等，栏间距为 3 字符，并加分隔线；

（8）在文档中插入图片“D:\21\pic. jpg”，图片大小缩放为高度、宽度均为 80%；

（9）设置图片的位置为“中间居中，四周型文字环绕”，自动换行为“紧密型环绕”；

（10）完成后直接保存，并关闭 Word 程序。

【Word 操作题样文】

鼓浪屿景区简介

鼓浪屿，福建省厦门市思明区的一个小岛，是著名的风景区。原鼓浪屿区后被撤销行政区并入思明管辖，位于厦门岛西南隅，与厦门岛隔海相望。原名圆沙洲、圆洲仔，因海西南有海蚀洞受浪潮冲击，声如擂鼓，明朝雅化为今名。

主要观光景点有日光岩、菽庄花园、皓月园、毓园、环岛路、鼓浪石、博物馆、郑成功纪念馆、海底世界、天然海滨浴场、海天堂构等，融历史、人文和自然景观于一体，为国家级风景名胜区，福建“十佳”风景区之首，全国 35 个著名景点之一。

由于历史原因，中外风格各异的建筑物在此地被完好地汇集、保留，有“万国建筑博览”之称。龙头路商业街诸多火热商铺都有贩卖各种厦门特色小吃，此岛还是音乐的沃土，人才辈出，钢琴拥有密度居全国之冠，又得美名“钢琴之岛”、“音乐之乡”，是一个非常浪漫的旅游景点。有乡贤林承强题联赞曰：鼓浪悬帆今胜昔，堆金积玉慨而慷。

【Excel 操作题】

打开“D:\59”文件夹中的文件“excel3. xlsx”，进行以下操作并保存。(操作结果可参考“D:\59\样张 . png”)

(1) 将 A1：E1 单元格合并后居中，字体加粗，字号 16，字体颜色设为“红色，强调文字颜色 2，深色 25%”；

(2) 用公式计算出每日的涨跌率（涨跌率＝涨跌量/开盘价），并把涨跌率的数字设为百分比，保留 2 位小数；

(3) 将 A 列到 E 列的列宽设为 15；

(4) 将单元格区域 A2：E11 中的所有内容水平居中；

(5) 将单元格区域 A2：E11 套用表格格式的“表样式浅色 3”，勾选“表包含标题”；

(6) 在表格下方插入图表，数据源是“日期”“开盘价”和“收盘价”，图表类型是折线图中的“折线图”，在图表上方添加图表标题“股票价格走势图”；

(7) 在工作表 Sheet1 后面插入工作表 Sheet2；

(8) 保存文档并关闭 Excel 应用程序。

【Excel 操作题样文】

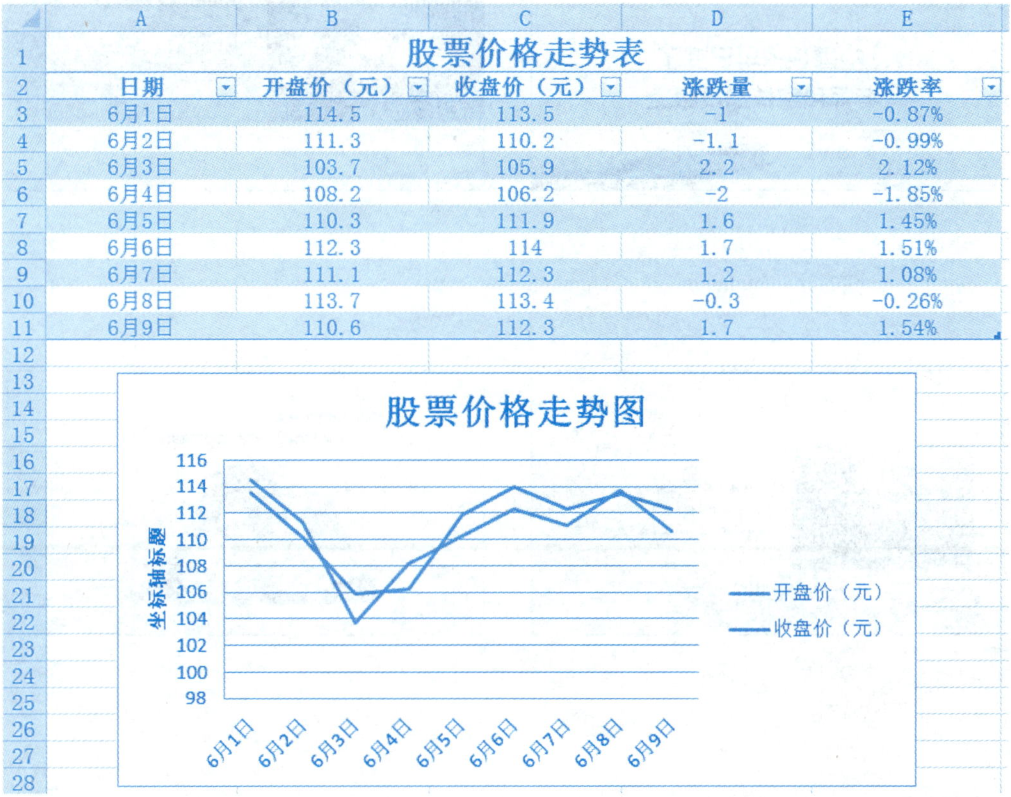

股票价格走势表

日期	开盘价（元）	收盘价（元）	涨跌量	涨跌率
6月1日	114.5	113.5	-1	-0.87%
6月2日	111.3	110.2	-1.1	-0.99%
6月3日	103.7	105.9	2.2	2.12%
6月4日	108.2	106.2	-2	-1.85%
6月5日	110.3	111.9	1.6	1.45%
6月6日	112.3	114	1.7	1.51%
6月7日	111.1	112.3	1.2	1.08%
6月8日	113.7	113.4	-0.3	-0.26%
6月9日	110.6	112.3	1.7	1.54%

【PowerPoint 操作题】

打开“D:\43”文件夹下的文件“PPT3.pptx”进行以下操作后并保存。

（1）第一张幻灯片，插入“D:\43”下的图片“bg.png”，大小设置为：锁定纵横比，高度为“19 厘米”，位置设为：自左上角水平 0 厘米、垂直 0 厘米；

（2）第二张幻灯片，将右边文本的动画效果设置为：进入动画“轮子”、效果选项为“3 轮辐图案（3）”“上一动画之后”开始；

（3）第三张幻灯片，设置左边图片的样式为“柔化边缘矩形”；

（4）第四张幻灯片，不改变文本的位置，将图片上方文本的字体设置为：幼圆、加粗、24 磅；

（5）第四张幻灯片，选中图片，创建超链接到“第一张幻灯片”；

（6）使用“跋涉”主题修饰全文、幻灯片背景样式设置为“样式 9”；

（7）完成后直接保存，并关闭 PowerPoint 程序。

【PowerPoint 操作题样文】

综合模拟测验 4

【选择题】

1. 下列关于多媒体技术描述正确的是（　　）
   A. 多媒体技术指的是利用计算机综合处理声音、文本、图像等信息的技术
   B. 多媒体技术只能处理文字与声音
   C. 多媒体技术就是制作视频的技术
   D. 多媒体技术不能处理动画
2. 从计算机屏幕上抓取动态操作过程称为（　　）
   A. 录音　　B. 截屏　　C. 录屏　　D. 扫描
3. “裸机”是指（　　）
   A. 未装应用软件的计算机
   B. 未装杀毒软件的计算机
   C. 只装操作系统的计算机
   D. 未装任何软件的计算机
4. 下列具有热插拔功能的 PC 接口技术的是（　　）
   A. 声卡　　B. USB　　C. 显卡　　D. 网卡
5. 按照计算机应用领域的分类，网上购物属于（　　）
   A. 信息处理　　B. 实时控制　　C. 辅助设计　　D. 科学计算
6. 计算机病毒是一种（　　）
   A. 特殊的计算机部件
   B. 能传染的生物病毒
   C. 人为编制的具有破坏性的特殊程序
   D. 能让用户沉迷的游戏软件
7. 在网上使用搜索引擎查找信息时，必须输入（　　）
   A. 类型　　B. 关键字　　C. 名称　　D. 网址
8. 美国标准信息交换码简称（　　）
   A. 补码　　B. 汉字编码　　C. BCD 码　　D. ASCII 码
9. 下列表示计算机存储容量的单位是（　　）
   A. KB　　B. GHz　　C. MIPS　　D. bps
10. 下列表示政府类的顶级域名是（　　）

A. gov　　B. edu　　C. org　　D. mil

11. CPU 可以直接访问的存储器是(　　)

A. 内存储器　　B. 硬盘　　C. 光盘　　D. U 盘

12. 网络黑客指的是(　　)

A. 垃圾邮件的制造者

B. 编写病毒程序的高手

C. 专门散播病毒的人

D. 计算机系统的非法侵入者

13. 世界上第一台电子计算机是 1946 年美国研制成功的，该计算机的英文缩写名为(　　)

A. EDVAC　　B. ARK _ II　　C. ENCAI　　D. ENIAC

14. http://www. jkl. gov. cn 网站的顶级域名及其表示的含义是(　　)

A. cn 中国　　B. http 超文本传输协议

C. www 万维网　　D. gov 政府

15. 李华的电子邮件地址是：lihua@qq. com，其中的“qq. com”是(　　)

A. 公司名　　B. 国家名

C. 邮件服务器主机名　　D. 用户名

16. 从网上下载软件时，使用的网络服务类型是(　　)

A. 文件传输　　B. 远程登录　　C. 信息浏览　　D. 电子邮件

17. 下列属于视频文件扩展名的是(　　)

A. . jpg　　B. . wav　　C. . pdf　　D. . avi

18. 下列属于计算机输入设备的是(　　)

A. 手写板　　B. 音箱　　C. 投影仪　　D. 绘图仪

19. 7 位二进制编码的 ASCII 码可表示的字符个数为(　　)

A. 255　　B. 256　　C. 127　　D. 128

20. 计算机执行和处理程序与数据之前必须先将其调入(　　)

A. 光盘　　B. 内存　　C. U 盘　　D. 硬盘

【Windows 7 操作题】

（1）在“D:\11”文件夹下分别创建名为“高中”和“大学”的两个文件夹。

（2）把“D:\11”文件夹的文件“XY. TXT”复制到考生文件夹下“KCC”文件夹中。

（3）去掉“D:\11”文件夹下“ZW. XLSX”文件的只读属性，改设为隐藏属性。

（4）为“D:\11”文件夹下的文件“KBC. EXE”建立桌面快捷方式。

（5）将“D:\11”文件夹下的“TACK”文件夹更名为“BACK”。

（6）将“D:\11”文件夹下的两个文件“BB. PPTX”和“KK. PPTX”移动到“D:\11”文件夹下“TEST”文件夹中。

（7）将“D:\11”文件夹下的文件“BB2. BOJ”进行压缩，压缩文件名为“B2. RAR”，并存放在“D:\11”文件夹下“TEAM”。

【Word 操作题】

打开“D:\22”文件夹中的 Word 文档“Word4. docx”，进行以下操作并保存。

（1）将第 1 行“春夜喜雨”设置为艺术字，艺术字样式为第 2 行第 2 列；

（2）设置“春夜喜雨”艺术字的位置为“顶端居中，四周型文字环绕”，自动换行为“上下型环绕”；

（3）将 2 行“杜甫”设置为黑体、三号，字体颜色为红色；

（4）将 2 行“杜甫”设置为底纹为填充浅蓝色，图案样式为 25%；

（5）将诗词部分设置为段前、段后间距各为 0.5 行，行距固定值为 16 榜；

（6）给诗词部分添加绿色下划线，线型为双波浪；

（7）在页眉处添加文字“唐诗欣赏”，并设为左对齐；

（8）在文档末尾插入 2 行 3 列的表格，并将表格的外框设为双实线，内框设为细单实线；

（9）将表格第 1 行第 2 至 3 列的单元格合并为一个单元格；

（10）完成后直接保存，并关闭 Word 程序。

【Word 操作题样文】

唐诗欣赏

春夜喜雨

杜　甫

好雨知时节，当春乃发生。

随风潜入夜，润物细无声。

野径云俱黑，江船火独明。

晓看红湿处，花重锦官城。

【Excel 操作题】

打开“D:\23”文件夹中的文件“excel4. xlsx”，进行以下操作并保存。

（1）将 A1：F1 单元格合并后居中，字体为楷体，字号为 18，字体颜色设为“红色”，单元格底纹填充颜色为“黄色”；

（2）将表格第一行行高设为 20，A 列至 F 列列宽设为 12；

（3）用函数计算出平均价格，平均价格设置为货币型，保留 2 位小数；

（4）利用条件格式下“突出显示单元格规则”，将单元格区域 F3：F10 中大于 30 的数据格式设为“黄填充色深黄色文本”；

（5）将单元格区域 A2：F10 套用表格格式为“表样式浅色 14”，勾选“表包含标题”；

（6）用自动筛选的方式，选出所有 A 厂平均价格大于 30 的记录；

（7）复制当前工作表得到“销售统计”，并移到当前工作表前面；

（8）完成后直接保存，并关闭 Excel 应用程序。

【Excel 操作题样文】

	A	B	C	D	E	F
1	东方龙都市农庄商品销售价格统计表					
2	产商	日期	猪肉	牛肉	驴肉	平均价格
4	D厂	6月7日	10	41	45	¥32.00
6	A厂	6月9日	11	39	48	¥32.67
7	C厂	6月10日	8	42	41	¥30.33
8	B厂	6月11日	9	40	61	¥36.67
10	A厂	6月13日	8	42	64	¥38.00

【PowerPoint 操作题】

打开“D:\42”文件夹下的文件“PPT4. pptx”进行以下操作后并保存。

（1）第一张幻灯片，插入艺术字“当今孩子的话语权”，样式为第 4 行第 5 列；设置该艺术字的字体为：隶书、66 磅，位置为：自左上角水平 6 厘米、垂直 8 厘米；

（2）第二张幻灯片，设置幻灯片的切换效果为“随机线条”、效果选项为“水平”、并应用于全部幻灯片；

（3）第三张幻灯片，设置黑色文本的动画效果为：强调动画“脉冲”、“上一动画之后”开始；

（4）第四张幻灯片，设置图片的“图片样式”为“矩形投影”；

（5）删除第五张幻灯片；

（6）使用“极目远眺”主题修饰全文、幻灯片背景样式设置为“样式 10”；

（7）完成后直接保存，并关闭 PowerPoint 程序。

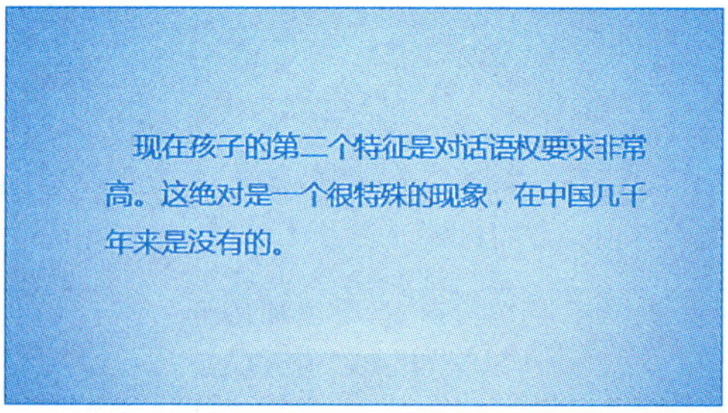

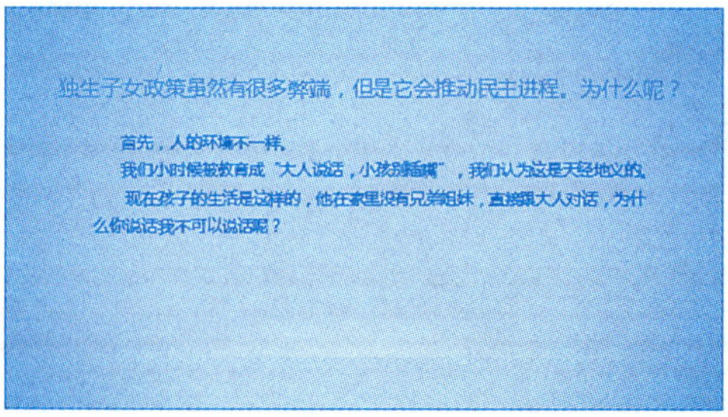

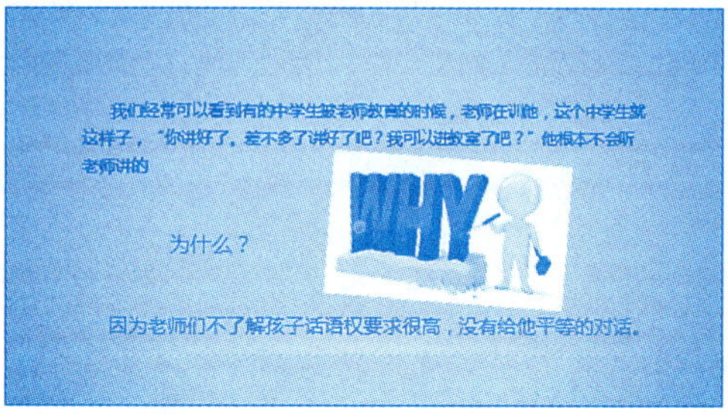

综合模拟测验 5

【选择题】

1. 衡量计算机性能的主要技术指标是(　　)
   A. 存储器容量和显示器屏幕大小
   B. 字长和存储容量
   C. CPU 运算速度和机箱大小
   D. CPU 时钟频率和字长
2. 下列不是多媒体播放软件的是(　　)
   A. 千千静听　　B. OutLook Express
   C. QQ 影音　　D. Windows Media Player
3. Internet 中的 IP 地址由 4 个字节组成，字节间的分隔符号是(　　)
   A. “,”　　B. “.”　　C. “:”　　D. “*”
4. 下列软件中最适合用来对照片进行处理的是(　　)
   A. Photoshop　　B. Flash　　C. Gold Wave　　D. Premiere
5. 下列可用于输出多媒体数据的设备是(　　)
   A. 摄像头　　B. 手写板　　C. 投影仪　　D. 录音笔
6. 下列二进制数中，其值最大的是(　　)
   A. 110　　B. 011　　C. 101　　D. 010
7. 以下有关计算机病毒的说法中正确的是(　　)
   A. 杀毒软件可以查杀所有的病毒
   B. 不连接互联网就不会感染计算机病毒
   C. 安装杀毒软件就不会再感染病毒了
   D. 杀毒较彻底的办法是磁盘格式化
8. 以下属于多媒体信息的是(　　)
   A. 光驱　　B. 读卡器
   C. 声音　　D. MP3 播放器
9. 下列不符合网络道德规范的行为是(　　)
   A. 当引用网络上别人发布的作品时，需要先取得对方的同意
   B. 将自己收到的垃圾邮件再转发给其他人
   C. 在微信上不发表虚假内容的言论

D. 不使用网络上的破解版软件，自己购买正版软件使用

10. 有“计算机之父”之称且最早提出“存储程序控制”原理的科学家是(　　)

A. 比尔·盖茨　　B. 马化腾　　C. 冯·诺依曼　　D. 乔布斯

11. 下列各组设备中，都属于存储设备的是(　　)

A. 移动硬盘、显示器、光盘　　B. 鼠标、绘图仪、u 盘

C. 移动硬盘、光盘、显示器　　D. 光盘、u 盘、硬盘

12. 下列不属于本地存储空间的是(　　)

A. U 盘　　B. 云盘　　C. 硬盘　　D. 光盘

13. 以下属于多媒体视频文件格式的是(　　)

A. png　　B. gif　　C. mp4　　D. html

14. 下列关于电子邮件的说法，不正确的是(　　)

A. 电子邮件又称为 E-mail

B. 电子邮件是通过 Internet 邮寄的信件

C. 通过网络发送电子邮件不需要知道对方的邮件地址也可以发送

D. 电子邮件的传输速度比一般书信的传送速度快

15. 下列可用于输入多媒体数据的设备是(　　)

A. 摄像头　　B. 望远镜　　C. 3D 打印机　　D. 投影仪

16. 若要保存自己喜欢的网站，最好的做法是将这些网站的网址(　　)

A. 写在纸上，随身携带

B. 添加到浏览器的收藏夹中

C. 录入到 Word 中并保存为 docx 文档

D. 存放在电子邮箱中，需要时打开邮箱查阅

17. 以下属于多媒体应用的是(　　)

A. 编制程序　　B. 网上发帖

C. 视频点播　　D. 翻译英文稿件

18. 专业名词“AI”是指(　　)

A. 计算机辅助系统　　B. 信息管理系统

C. 人工智能　　D. 大数据应用

19. 以下属于视频编辑的是(　　)

A. 截取屏幕　　B. 美化网页　　C. 修饰相片　　D. MTV 制作

20. 以下不会导致计算机感染病毒的行为是(　　)

A. 从网络上下载程序　　B. 运行从网络上下载的程序

C. 从键盘上输入文字　　D. 使用外来的 U 盘

【Windows 7 操作题】

（1）在“D:\12”文件夹下分别创建名为“KUPY”和“WYSD”两个文件夹。

（2）将“D:\12”文件夹下的文件夹“HEST”更名为“WERE”。

（3）将“D:\12”文件夹下所有扩展为“EMP”的文件复制到考生文件夹下“KUPY”文件夹中。

（4）删除“D:\12”文件夹下“WERT”文件夹。

（5）将“D:\12”文件夹下的文件“EPTY. SYS”取消只读属性。

（6）将“D:\12”文件夹下的文件“SERPY. TXT”和“TEST. TXT”移动到“D:\12”文件夹下的“WYSD”文件夹中。

（7）将“D:\12”文件夹下的压缩文件“DW. RAR”解压到“D:\12”文件夹下的“KUPY”文件夹中。

【Word 操作题】

打开“D:\27”文件夹中的 Word 文档“Word5. docx”，进行以下操作并保存。

（1）设置页面边距为上、下各 2.7 厘米，左、右各 3 厘米；

（2）设置标题为隶书、一号、加粗，字体颜色为“橙色，强调文字颜色 6”，文字居中对齐；

（3）设置标题字符间距为加宽 5 磅；

（4）设置正文各段左、右各缩进 1 个字符，首行缩进 2 个字符，行距为 2 倍；

（5）在文档中插入“D:\27”文件夹下的图片“pic. jpg”，图片大小缩放为高度、宽度均为 50%；

（6）设置图片的位置为“顶端居右，四周型文字环绕”；

（7）设置正文最后一段为黄色底纹，并添加双波浪线边框，均应用于段落；

（8）在文档末尾创建一个 4 行 5 列的表格，并将整个表格居中对齐；

（9）设置表格所有边框宽度为 1.5 磅，颜色为蓝色；

（10）完成后直接保存，并关闭 Word 程序。

【Word 操作题样文】

陆游和钗头凤

红酥手，黄縢酒，满城春色宫墙柳。东风恶，欢情薄，一怀愁绪，几年离索。错！错！错！春如旧，人空瘦，泪痕红浥鲛绡透。桃花落，闲池阁，山盟虽在，锦书难托。莫！莫！莫！

世情薄，人情恶，雨送黄昏花易落；晓风干，泪痕残，欲笺心事，独语斜栏，难，难，难。人成各，今非昨，病魂常似秋千索；角声寒，夜阑珊，怕人寻问，咽泪装欢，瞒，瞒，瞒。

【Excel 操作题】

打开“D:\29”文件夹中的 Excel 文档“Excel5. xlsx”，进行以下操作并保存。

（1）将商品编号列与商品名称列对调；

（2）将 A1：E1 单元格合并后居中，字体为隶书，字号为 18，单元格底纹填充颜色为“紫色，强调文字颜色 4，淡色 60%”；

（3）将第 2 至 11 行行高设为 17；

（4）利用公式计算库存量（库存量＝总数量－已售量）；

（5）将单元格区域 A2：E11 的单元格样式设置为“20%－强调文字颜色 5”；

（6）将单元格区域 E3：E11 的条件格式设置为“项目选取规则”中“低于平均值”的“浅红填充色深红色文本”；

（7）将工作表 Sheet2 删除；

（6）完成后直接保存，并关闭 Excel 应用程序。

【Excel 操作题样文】

	A	B	C	D	E
1	万达商城商品销售量统计表				
2	商品编号	商品名称	总数量	已售量	库存量
3	TS-01	热水器	500	400	100
4	TS-02	电热棒	800	300	500
5	TS-03	彩电	900	700	200
6	TS-04	空调	665	500	165
7	TS-05	取暖器	750	300	450
8	TS-06	书柜	600	150	450
9	TS-07	电吹风	600	520	80
10	TS-08	风扇	700	100	600
11	TS-09	保温瓶	1000	750	250

【PowerPoint 操作题】

打开“D:\26”文件夹中的 PowerPoint 文档“PPT5. pptx”，进行以下操作并保存。

（1）第一张幻灯片，插入艺术字“登岳阳楼”、样式为第 3 行第 4 列；设置艺术字位置为：自左上角水平 12 厘米、垂直 8 厘米；

（2）第二张幻灯片，设置幻灯片的切换效果为“显示”、效果选项为“从左侧全黑”，并应用于全部幻灯片；

（3）第三张幻灯片，插入“D:\26”文件夹下图片“pic. png”，设置图片的图片样式为“柔化边缘矩形”；设置图片位置为：自左上角水平 5 厘米、垂直 4 厘米；

（4）第四张幻灯片，设置文本的动画效果为：进入动画“浮入”，效果选项为“上浮”，“上一动画之后”开始；

（5）复制第一张幻灯片，并移至最后，将文本内容改为“放映结束!”，字体为：楷体、96 磅；

（6）使用“凤舞九天”主题修饰全文、背景样式设置为“样式 5”；

（7）完成后直接保存，并关闭 PowerPoint 程序。

【PowerPoint 操作题样文】

附录　参考答案

第 1 章　计算机基础知识选择题参考答案

1—5　D　B　B　B　B
6—10　B　D　C　D　D
11—15　D　D　B　D　D
16—20　B　B　D　A　D
21—25　D　C　D　A　D
26—30　B　A　A　A　B
31—35　B　C　D　C　B
36—40　A　C　B　B　A
41—45　B　A　C　A　A
46—50　A　D　C　D　B
51—55　B　D　B　A　C
56—60　B　B　C　D　A
61—65　A　D　D　C　D
66—70　B　D　D　C　B
71—75　C　B　C　B　C
76—80　A　C　B　B　A
81—85　D　A　C　B　B
86—90　D　C　D　B　A
91—95　D　B　A　B　B
96—100　C　D　B　D　D
101—105　C　B　C　B　B
106—110　D　B　A　B　C
111—115　C　D　D　B　B
116—120　C　C　B　A　B

第 2 章　Windows7 操作系统选择题参考答案

1—5　B　C　C　A　D
6—10　C　A　B　A　D
11—15　C　B　C　D　D
16—20　C　D　D　D　A
21—25　D　C　A　B　C
26—30　A　A　B　C　A
31—35　C　A　C　C　C
36—40　A　B　D　A　B
41—45　D　B　C　A　A
46—50　C　C　D　D　B

第 3 章　因特网（Internet）应用选择题参考答案

1—5　C　B　C　A　B
6—10　D　B　B　B　D
11—15　C　C　A　A　D
16—20　C　B　B　C　B
21—25　C　A　B　B　D
26—30　B　C　B　C　B
31—35　D　C　A　C　C
36—40　D　B　B　A　D
41—45　B　C　D　C　D
46—50　D　A　B　B　B
51—55　A　C　D　C　A
56—60　C　B　C　B　D
61—65　D　B　D　C　C
66—70　D　B　B　B　B

71—75　C　B　A　D　C
76—80　D　A　C　C　A
81—85　C　A　A　D　C
86—90　A　D　C　D　D
91—95　B　C　D　B　A
96—100　A　C　C　D　D
101—105　A　B　C　D　D
106—110　A　A　D　D　C
111—115　B　A　B　A　C
116—120　D　B　B　C　A
121—125　C　A　D　B　A
126—130　C　B　D　D　D
131—135　A　D　B　A　A
136—140　B　A　B　C　C

第 4 章　文字处理软件（Word 2010）应用选择题参考答案

1—5　C　C　D　D　B
6—10　D　C　B　A　B
11—15　B　A　A　C　B
16—20　D　B　C　A　C
21—25　A　B　C　C　C
26—30　C　C　C　B　B

第 5 章　电子表格处理软件（Excel 2010）应用选择题参考答案

1—5　D　C　C　B　C
6—10　D　D　D　D　B
11—15　B　B　D　C　A
16—20　B　C　B　D　B
21—25　C　D　D　C　C
26—30　D　D　C　B　A
31—35　C　A　D　B　B
36—40　C　D　D　B　A

第 6 章　多媒体软件的应用选择题参考答案

1—5　D　A　D　D　D
6—10　D　D　B　B　D
11—15　D　D　C　A　D
16—20　C　D　B　B　D
21—25　D　A　B　A　A
26—30　A　B　C　B　C
31—35　B　B　B　C　D
36—40　D　A　B　D　D
41—45　A　C　D　D　A
46—50　B　C　A　A　A
51—55　B　A　C　D　A
56—60　B　D　C　C　B
61—65　C　B　A　A　D
66—70　D　C　B　D　A
71—75　D　D　C　B　D
76—80　D　D　D　A　B
81—85　B　D　D　D　C
86—90　C　D　D　B　D

第 7 章　演示文稿软件（PowerPoint 2010）应用选择题参考答案

1—5　D　A　B　D　A
6—10　D　C　B　A　C
11—15　C　D　A　B　B
16—20　A　A　C　B　B

综合模拟测验 1　选择题参考答案

1—5　D　B　B　B　B
6—10　D　B　B　B　C
11—15　D　D　A　A　D
16—20　C　C　B　C　C

综合模拟测验 2 选择题参考答案

1—5 A C C A C　　6—10 A B A D A
11—15 D C A A D　　16—20 B C A D C

综合模拟测验 3 选择题参考答案

1—5 A B A D C　　6—10 A D A C D
11—15 C C D A C　　16—20 C B D C A

综合模拟测验 4 选择题参考答案

1—5 A C D B A　　6—10 C B D A A
11—15 A D D A C　　16—20 A D A D B

综合模拟测验 5 选择题参考答案

1—5 D B B A C　　6—10 A D C B C
11—15 D B C C A　　16—20 B C C D C

图书在版编目（CIP）数据

计算机应用基础模拟练习与操作指导：Windows 7 ＋ Office 2010/陈国升，薛叶兴，陈春华主编. —北京：中国人民大学出版社，2019.9
中等职业教育规划教材
ISBN 978-7-300-27310-5

Ⅰ.①计… Ⅱ.①陈… ②薛… ③陈… Ⅲ.①Windows 操作系统-中等专业学校-教学参考资料 ②办公自动化-应用软件-中等专业学校-教学参考资料 Ⅳ.①TP316.7 ②TP317.1

中国版本图书馆 CIP 数据核字（2019）第 169549 号

中等职业教育规划教材
计算机应用基础模拟练习与操作指导（Windows 7 ＋ Office 2010）
学业水平测试课题研究组　组编
主　编　陈国升　薛叶兴　陈春华
副主编　肖能德　闫海涛　黄国云　陈淑珍　邓　萍
参　编　岳　霞　林在平　林碧娇　卢　灯　吴智斌
Jisuanji Yingyong Jichu Moni Lianxi yu Caozuo Zhidao（Windows 7 ＋ Office 2010）

出版发行	中国人民大学出版社		
社　址	北京中关村大街 31 号	**邮政编码**	100080
电　话	010－62511242（总编室）		010－62511770（质管部）
	010－82501766（邮购部）		010－62514148（门市部）
	010－62511173（发行公司）		010－62515275（盗版举报）
网　址	http://www.crup.com.cn		
经　销	新华书店		
印　刷	北京宏伟双华印刷有限公司		
开　本	787 mm×1092 mm　1/16	**版　次**	2019 年 9 月第 1 版
印　张	10.25	**印　次**	2025 年 8 月第 7 次印刷
字　数	238 000	**定　价**	26.00 元